# 通信工程技术与煤矿智能化研究

曹庆钰 马 龙 白立化 著

U0221837

吉林科学技术出版社

图书在版编目（CIP）数据

通信工程技术与煤矿智能化研究 / 曹庆钰，马龙，
白立化著． -- 长春：吉林科学技术出版社，2021.8（2023.4重印）
ISBN 978-7-5578-8604-2

Ⅰ．①通… Ⅱ．①曹… ②马… ③白… Ⅲ．①通信工
程－研究②智能技术－应用－煤矿开采 Ⅳ．① TN91
② TD82-39

中国版本图书馆 CIP 数据核字（2021）第 167836 号

## 通信工程技术与煤矿智能化研究

| | |
|---|---|
| 著　　者 | 曹庆钰　马　龙　白立化 |
| 出 版 人 | 宛　霞 |
| 责任编辑 | 隋云平 |
| 封面设计 | 李　宝 |
| 制　　版 | 宝莲洪图 |
| 幅面尺寸 | 185mm×260mm |
| 开　　本 | 16 |
| 字　　数 | 270 千字 |
| 印　　张 | 12.125 |
| 版　　次 | 2021 年 8 月第 1 版 |
| 印　　次 | 2023 年 4 月第 2 次印刷 |
| 出　　版 | 吉林科学技术出版社 |
| 发　　行 | 吉林科学技术出版社 |
| 地　　址 | 长春净月高新区福祉大路 5788 号出版大厦 A 座 |
| 邮　　编 | 130118 |

**发行部电话／传真**　0431—81629529　　81629530　　81629531
　　　　　　　　　　　　81629532　　81629533　　81629534

**储运部电话**　0431—86059116

**编辑部电话**　0431—81629520

| | |
|---|---|
| 印　　刷 | 北京宝莲鸿图科技有限公司 |
| 书　　号 | ISBN 978-7-5578-8604-2 |
| 定　　价 | 60.00 元 |

# 前　言

　　煤矿行业是一项特殊的行业，煤矿在开采过程以及运输储存过程中都需要专业技术的指导。煤矿开采的供电系统要符合煤矿行业的特殊要求，既要具备地下通电、通信的要求，同时又要避免电路漏电带来的矿井安全隐患。煤矿通信是一个综合性的系统，它包括许多子系统，如程控电话交换系统、调度通信系统、计算机局域网和工业内网、矿井移动通信网络、煤矿智能化系统所需要的传输通信系统，且它们的组成和功能各不相同。

　　煤矿行业发展也进入了数字化时代。要实现煤矿区电网的安全性和稳定性，就要充分地利用数字化的新技术。除了数字化技术的发展，网络通信技术也是保障煤矿区产量和安全性的关键技术。纵观当前煤矿行业智能化的发展，矿区的通信也实现了突飞猛进。矿区的智能化通信中也出现了分布式的控制系统结构。这种自动化的系统结构有利于实现矿区通信系统的稳定性和自动化，也有利于矿区的数据采集和管理。

　　本书基于通信工程技术与煤矿智能化，首先介绍了煤矿通信工程技术、通信数据压缩与传输、数字式监控系统应用，然后分析了煤矿信息化技术、煤矿智能化技术化、煤矿智能化无人综采技术，最后对基于通信工程技术的煤矿智能化进行了详细探讨和研究。

　　本书在写作和修改过程中，查阅和引用了书籍以及期刊等相关资料，在此谨向本书所引用资料的作者表示诚挚的感谢。由于水平有限，书中难免出现纰漏，恳请读者同仁和专家学者批评指正。

# 目　录

# 第一章　煤矿通信工程技术

## 第一节　煤矿调度电话通信系统

伴随着计算机在煤矿企业中的广泛应用，煤炭行业的各种软件系统也在迅猛发展，调度通信系统就是在这样的背景下，不断进行着革命。随着调度业务的不断丰富，单一的调度电话通信已经变得越来越吃力，在应急救援方面更显得苍白无助。集短信、群呼、录音、记录、预警等于一体的智能化调度通信系统必将成为煤矿调度必然的选择。本节将针对智能化调度通信系统在煤矿企业中的应用进行分析和阐述。

### 一、煤矿调度工作的一些特点

煤矿调度服务于煤矿的各个生产环节，首先是有很强的连续性：全天值班不间断地进行生产组织指挥，工作比较劳累，其次需要及时地了解情况，及时传达、汇报、处理，另外调度工作还有重要的保安性，调度工作必须统筹安排、全面部署，必要时需要形成多部门、多人群的工作联动体。

### 二、煤矿调度传统的通信模式

煤矿调度通信也是一个逐步发展的过程，调度通信依赖于调度台，功能比较单一，基本就是电话的拨打与接听，可对内部电话强插强拆显号，有些沿用着旧的键盘式拨号，有的不能通过调度台拨打手机，需要手工拨号，号码管理与更新不方便，及时性信息的收集与通知发布主要依靠工作人员频繁拨打接听电话，费时费力，效率低，完成的质量也不高，有时还会影响其他方面的工作。

### 三、存在的问题及分析

传统模式存在的问题是不能适应调度业务内容增多与深层次管理，调度通信对信息的收集与管理没有得到延伸，主要表现在以下一些方面：

功能比较单一，很多需要软件解决的问题仍然通过手工方式来完成，效率低下，短信功能、群呼功能、记录功能、统计功能等大都没有得到应用和集成；

操作不够方便友好，设计后往往很难更改，由于大多软件属于购买，后期很少再有维护，对一些灵活的操作，快捷键，重要的提示以及符合用户实际使用环境方面往往考虑的不是很到位；

与工作业务联系不紧密，由于调度台通信大多生产厂家以最通用的业务为基础，一方面本身对业务挖掘的不深，而实际各个煤矿在具体业务上是有管理差别和潜在需求的，大多通信系统仅仅满足于接打电话，致使一些相关业务如值班管理，应急通知等可以通过调度通信完成的工作未能得到集成；

缺少智能化的应用，调度通信本身就是工作，通过这项工作的延伸，可以动态的掌握很多相关的信息，如通知与到位时间，值班带班情况，重大事件的汇报时间等，而这些信息，间接地反映了生产运行与管理执行情况，大多系统对这方面缺少开发，并且煤矿很多监测系统以及办公系统等也需要间接地的使用通信系统，而目前调度通信系统与此类系统的联动没有深入开展；

各个煤矿调度的通信系统大都是独立的，与总部很难互联互通，统一管理和升级改造困难，重复性建设浪费严重，由于缺少统一规划和长远考虑，调度通信大多不能够联网升级，而要想适应业务的改变，升级是不可避免的。

## 四、智能化调度通信系统的应用效果

（1）在功能上，可以将电话、传真、群呼、短信群发、号码管理、数据记录、值班管理，应急通信等多种常用功能集成在一个系统，便于调度工作人员开展日常业务，真正成为调度工作不可替代的操作平台。

（2）数据的统计与分析，可以对群呼的确认进行统计，对短信的回执进行统计，日常的数据记录等进行统计，将很多纸上烦琐的记录计算工作通过电脑来完成，使工作更加简单和准确。同时，通过基础数据可进行月度或季度的分析，例如对事故通知月度进行类型和次数分析，对工作的问题进行重点关注，对雨季三防的数据记录生成月度曲线图或者柱状图等进行参考。

（3）实现远程维护升级改造，通过网络的应用，将功能的设置与完善放在后台，其中包括电话号码的管理，功能权限的设置，界面的调整等，这样前台工作人员只负责操作，而管理员可以不断地对软件进行维护和更新，使系统紧密结合自身的业务需要。

（4）信息化展示，由于系统是一个多功能集成的平台，这样，通过该平台，可以展示很多有用的信息，其中包括每日的产销存，天气情况，传真收发情况，值班情况，应急通知情况，瓦斯报警情况等，有了这些有用而实际的信息，调度工作人员便可以做到对煤矿的生产情况心中有数，对答如流，更好地促进生产的有序进行。

　　总之，通过软硬件设备将煤矿调度的通信相关业务集成到一个平台，把很多需要人工处理的业务通过软件或与硬件的结合来完成，让通信变得更加友好，让短信，群呼等为调度业务充分的服务，把通信关联的值班管理，应急通知，查岗带班等业务进行深度融合，把通信业务全面延伸，必将会给煤矿的调度工作带来新的革命，也必将成为调度通信发展的趋势。

　　通过智能化调度来解决各种通信相关的问题，一方面能减轻工作人员的劳动强度，更重要的是通过计算机软硬件技术，深层次的进行管理提高工作的质量和效率，有了大量可靠的后台数据和智能化的调度通信手段，不仅能满足日常业务的需要，也能提供超前的分析与预防，同时还便于特殊情况的应急处置，这对煤矿安全生产、应急演练、应急救援等都有着重要且深远的意义。

# 第二节　煤矿漏泄通信系统

　　由于地层对电磁波的吸收十分严重，地下无线通信的发展远远滞后于陆地、海上和空中的无线通信。直至 20 世纪 60 年代，国外才开始进行地下无线通信的尝试。历经了低频感应通信、中频载波通信、极低频无线通信等通信方式后，至 1970 年，井下无线电漏泄通信技术首先在英国进入实用阶段。由于漏泄通信具有话音清晰、抗干扰能力强、通信距离远、组建方便、造价不高等优点，因而得到了迅速的发展。

## 一、KTL106 漏泄通信系统的组成及工作原理

　　由徐州市玛柯琳科技有限责任公司生产的 KTL106 型漏泄通信系统，主要由 KTL106-J 基地台、KTL106-U 汇接机、KTL106-S 手持机、KTL106-L 双向中继放大器、KDW-0.6/12 稳压电源、MSLYFYVZ-75-9 漏泄电缆等六部分组成。

　　一般每套漏泄通信系统由一台基地台、一台稳压电源、一台汇接机、若干部手持机（根据现场需要）、若干米漏泄电缆（按巷道长度 ×105%）、若干台双向中继放大器（按每 400 米漏泄电缆布置一台）、一台汇接机组成。

　　基地台工作电源为直流 12V，由稳压电源（交流 127V/ 直流 12V）提供，通过漏泄电缆将基地台、汇接机、放大器连成网络，系统形成后，在漏泄电缆敷设的巷道范围内，一部手持机或数部手持机可以向基地台发出打点信号，可以与基地台进行通话，也可以实现系统内多部手持机之间相互通话。

## 二、KTL106型漏泄通信系统的用途

KTL106型漏泄通信系统在煤矿的应用非常广泛,可以在立井主、副井井筒中安装使用,可以在井下大巷电机车运输系统中安装使用,可以在斜巷人行车运输系统中安装使用,可以在斜巷物料运输系统中安装使用,可以在斜巷架空乘人系统(俗称猴车道)中安装使用,可以在井下皮带机道安装使用,目前使用最多的也是最近几年新兴起的井下无极绳绞车运输系统中,漏泄通信系统更是起到了重要作用。

漏泄通信系统根据使用现场不同,可以分为基本通话型(如井下大巷电机车运输系统)、通话兼打点型(如立井、斜巷中)、通话、打点兼急停型。

下面分项进行简述:

### (一)漏泄通信系统在立井井筒中的应用

在该系统中,基地台一般安装在绞车房靠近绞车司机的平台或桌子上,稳压电源在订货时可注明220V/12V,漏泄电缆敷设在井筒中(与高压电缆分开布置),井筒中一般不使用双向中继放大器,如井筒深度超过600米,可使用增强型基地台。

注意:由于罐笼为金属封闭,对手持机的信号有屏蔽影响,因此,漏泄电缆在井筒中敷设时应尽量对应罐笼的两侧罐帘外侧,否则会造成信号不好。

当进行井筒装备检查时,有关人员可携带手持机在罐笼中或罐笼顶部,在井筒中的任意位置,通过手持机向绞车司机发出开车或停车信号,也可以进行通话。在井筒中提升、下放较大物件时,携带手持机的人员可以在井筒中的某个位置进行相关监控。需要说明的是,由于罐笼封闭较严密,在很大程度上屏蔽了信号,如果使用KTL106型漏泄通信系统效果不好,建议使用我公司生产的KTL116型漏泄通信系统。

### (二)漏泄通信系统在井下大巷电机车运输系统中的应用

在该系统中可以有两种安装方式:

第一种方式:基地台安装在地面区(队)值班(调度)室,漏泄电缆需从主(副)井井筒中敷设经过,到井下某水平大巷再分布敷设。

第二种方式:基地台安装在井下某水平大巷运输调度室。

值班(调度)员可随时通过漏泄通信系统掌握某人或某个物件的所在位置或工作状态,同时也可以进行一对一的通话,井下携带手持机的人员之间也可以相互通话,为现场管理提供了方便。需要说明的是,由于电机车(或电瓶车)采取了金属封闭,在很大程度上屏蔽了信号,如果使用KTL106型漏泄通信系统效果不好,建议使用我公司生产的KTL116型漏泄通信系统。

### （三）漏泄通信系统在井下斜巷中的应用

#### 1. 漏泄通信系统在斜巷人行车运输中的应用

在使用人行车运送人员的斜巷，一般要求至少配备一名人行车跟车司机，当安装了漏泄通信系统后，跟车司机携带一部通话、打点手持机，可在斜巷中的任意位置向绞车司机发出开车、停车信号，也可以随时与绞车司机通话（双方通话时必须在停车状态），大大提高了安全性和方便性。需要说明的是，由于人行车封闭较严密，在很大程度上屏蔽了信号，如果使用 KTL106 型漏泄通信系统效果不好，建议使用我公司生产的 KTL116 型漏泄通信系统。

#### 2. 漏泄通信系统在斜巷架空乘人系统中的应用

在斜巷架空乘人系统（俗称猴车道）中，漏泄通信系统可以实现动态监控，也可以在系统检修时由检修人员对绞车司机打点、通话，以方便检修。

#### 3. 漏泄通信系统在斜巷运料时的应用

对于井下条件特殊的运输斜巷（如有岔道、高度或宽度不够等），安装漏泄通信系统可以保证运输的安全与顺利，如在斜巷岔道处的安全洞里，工作人员可以拿着手持机与绞车司机随时保持联系，也可以在松拉大物件时进行现场监控。

### （四）漏泄通信系统在皮带机道的应用

在井下一些重要的皮带机道，安装漏泄通信系统可大大提高皮带机运行的安全性，同时方便检修工作的进行。具体功能如下：

（1）流动打点功能：有关人员携带手持机在皮带机道巡查或监控时，可在任何时间、任意位置向皮带机头基地台（主机）发送一点、二点、三点、四点等多点信号。

（2）流动通话功能：有关人员携带手持机在皮带机道巡查或监控时，可在任何时间、任意位置与皮带机头基地台（主机）相互通话，也可以实现多部手持机之间的相互通话。

（3）急停功能：有关人员携带手持机在皮带机道巡查或监控时，如发现紧急情况，可在任何时间、任意位置，通过手持机对皮带机进行远程紧急停车，并且有闭锁功能，即手持机如果不发信号解锁，皮带机紧急停车后将不能重新启动，这对井下安全生产具有重要的作用。

（4）皮带机检修时，可在任何时间、任意位置，通过手持机与皮带机司机联系，解决了以往通信不便的难题。

### （五）漏泄通信系统在无极绳绞车运输系统中的应用

随着无极绳绞车运输在煤矿井下的使用越来越广泛，漏泄通信系统成为国家规定的无极绳运输的必配系统之一，必须有通话、打点、急停三项基本功能，以确保携带手持机的工作人员能随时随地向绞车司机发出开车、停车信号，同时能随时随地与绞车司机通话，最重要的一点是携带手持机的工作人员在有紧急情况时，能利用手中的手持机进行急停远控（打 1 点信号），即可以不通过绞车司机就能实现绞车断电停车，以防止事故发生，这就是漏泄通信系统的"急停"功能。

# 三、KDLT－Ⅳ型矿井自动交换漏泄通信系统

目前国内矿井漏泄通信技术已经发展近 5 年工作，频率由 30 ~ 40MHz 提高到 60 ~ 80MHz 功能，从简单的广播式通话改进为带选呼功能的调度系统。而国外煤矿井下漏泄通信的频率已达到 150MHz，设备可靠性也大大优于国内产品虽然系统中的无线与无线、无线与有线间的通话仍需要人工接续，但其发展趋势已表现出以下几个特点：①人工接续必将被微机控制的自动交换所代替。②随着系统扩容要求的日益强烈，单信道系统将逐渐与二信道及多信道系统并存以适应不同规模矿区的需要。③设备的工艺性、可靠性及外观将日趋完善，体积趋于小型、薄型携带更为方便以减轻矿工负重。④地下与地面移动台的联网将成为可能。针对市场需求和发展趋势，徐州华美电讯厂与武汉七环电气有限公司合作在原有 KDLT－Ⅰ型漏泄通信系统的基础上进一步开发研制了新一代的 KDLT－Ⅳ型漏泄通信系统。

## （一）系统组成及工作原理

KDLT－Ⅳ型矿井自动交换漏泄通信系统是一个灵活的可按各矿井的具体巷道分布单独设计的系统。为覆盖其矿区所需的通信范围每个系统的布局和配置将互不相同。该系统组成主要设备包括基地台、基地台电源、自动交换控制器、手持机、中断器、分配器、漏泄电缆、地面天线及终端负载、接线盒等。

## （二）系统主要技术特点及应用效果

### 1. 技术特点

（1）工作频率达到 150MHz，抗工业火花干扰能力强。

（2）实现微机控制的井下无线与无线、井上 3km 内无线与无线、井下、井上无线与有线间的自动交换通话。

（3）调度台有群呼与主呼功能可扩容至 2 ~ 4 个频道信号。

（4）系统中的本安型手机是利用先进的国外机二次开发而成，其功能强大、造型美观、体积小巧便于携带。

（5）扩容信道结构采用国产内燃机车高强度发泡"双抗"漏泄电缆。

（6）如配适当的天线共用器，该系统可扩展为多信道系统在一根漏泄电缆中传输多个信道的信号，可供多个调度通信系统同时工作，调度手机可设在地面或井下。

2. 应用效果

KDLT — IV 型矿井自动交换漏泄通信系统 1997 年 12 月在张小楼井投入使用。基站设在地面调度室漏泄电缆由基站从副井筒延伸至井下 — 400m，水平主皮带大巷 — 600m 水平。

通过实际使用验证，该系统比 80MHz 频段的漏泄通信系统抗干扰能力及通话效果好。移动用户与移动用户之间的通话及移动用户通过中继与地面有线电话的通话效果理想。150MHz 频段电磁波传播绕射能力虽不及 60 ~ 80MHz 强，但抗干扰能力优于 60 ~ 80MHz 频段。

（1）KDLT — IV 型矿井自动交换漏泄通信系统经在徐州矿务集团和铁法矿务局投入使用证明井下矿车运输系统周转率每小班可增加一列（10 车），年运输能力提高近 3 万 t，同时通信快捷对于防止事故发生，缩短处理事故时间和提高矿井科学管理水平等均起到了积极作用。

（2）该系统具有多频道传输信号，除可通信外还可进行监测监控。

# 第三节　矿井无线移动通信

随着我国近年来通信技术极其迅速的发展，WiFi 已经涉足生活以及生产的各个角落，而且 WiFi 数据传输速率很高、覆盖范围广，不仅可以进行多接入切换功能，与此同时，还可以利用移动通信网络进一步扩大其业务功能。本节对矿井无线通信系统天线装置进行研究，简述了其主要类型及特征方面的内容。本节将分析目前市场上四种矿用无线通信技术。

矿井无线信道中通常都利用中间区的场实现信号的传输，然而，在引用上列各参数时，却是以信号的传输只靠波动区的场来实现为前提的[①]。由于天线的效率、方向系数或增益，都是和其大小在极大范围内变动的岩层电导率有关的量。天线装置是作为实现电能与电磁振荡能量之间的可逆转换的线性四端网络来研究的。因此，可以通过直接分析这些天线装置来讨论这些问题。

## 一、矿井无线通信技术概述

采用无线通信方法，完善了矿井中的生产调度管理以及与地面的信息交流过程，为矿井生产与监测提供了一个很好的平台，有助于重要数据的统一采集与处理，也是矿井在日常生产调度，出现危险时进行应急救援与监控的技术基础，使得工作效率得到很大提高，安全生产工作得到改善。

---

① 操龙兵，朱建铭 . 矿井中低频通信系统中接收天线的设计 [J]. 工矿自动化，1998（01）：26 ~ 27.

在矿用无线通信设备的市场上，目前主要设备系统有四种：① PHS 无线通信系统；② WIFI 无线通信系统；③ 3G 无线通信系统（TD-SCDMA）；④ 4G 无线通信系统。本节针对这些技术在煤矿中的使用情况逐一进行分析。

## 二、PHS 无线通信系统（小灵通）

小灵通（PHS）无线通信技术来自日本，这种通信技术使得传统的固定电话不再受到电话位置的束缚，使得电话能够在任何可以接收到无线信号的位置使用。接听和拨打自由进行。这类技术又称为微蜂窝技术，通过安装微蜂窝基站使无线信号覆盖服务区域，将小灵通手机以无线方式接入本地电话网络，弥补和延伸固定电话服务范围。过去一段时间，小灵通是无线市话的代表，在那个时代无疑是解决各行业无线通信需求的很好的选择。

2009 年初，国家的通信主管部门作出了明确的要求，所有在 1900—1920MHz 频段的无线接入系统需要在 2011 年底前彻底完成清频退网，目的是为了不对 1880—1900MHz 频段新的系统产生不利干扰。现今已经没有生产厂家生产相关的设备，此类设备后期配件更换和维修将是面临的最大问题[①]。

## 三、WIFI 无线通信系统

WiFi 技术主要采用的语音编码技术有 ITU-T 定义的 G.729、G.711 等，G.729 的工作范围是 6.4kbit/s ~ 11.8kbit/s，语音质量也在此范围内有一定的变化，G.711 的通话效果好，但占用带宽较大，减小了系统的容量[②]。

802.11i 协议自带强大的安全措施。然而，在通信语音设置方面受到了漫游切换效率的影响以及 Wifi 手机自身有限的支持能力，一般只能通过简单的接入认证与加密方式来实现。Wifi 工作频段通常处于 2.4GHz 频段，容易遭到网络攻击，信息很容易被窃取。在这个频段上信号混杂且交叉干扰大，传输带宽随环境动态变化，语音通话有异步滞后感。频繁的信号干扰可能导致服务质量的快速下降。而且这个频段上只有三个不重叠的信道，所以没有很好的办法来解决干扰问题。

## 四、TD-SCDMA 无线通信技术

目前 TD-SCDMA 矿用通信系统多采用 BBU+RRU 拉远形式，BBU 设备位于地面，RRU 则在井下部署，地面与井下通过私有的 Ir 接口连接，需要使用裸光纤来连接，不能直接使用井下的工业太环网。因此，光纤要重新设置，重新部署传输网。增大了施工复杂度，施工成本。另外，不便于随着巷道的延伸进行扩容，维护成本也随之增高。

---

① 霍海波 . 矿井井下无线通信系统分析 [J]. 煤，2008，17（09）：78 ~ 80.
② 陈二虎 . 矿井透地无线通信系统的研究与设计 [D]. 西安：西安电子科技大学，2012.

基于 Femto 的 WCDMA 矿用无线通信系统，每一个站点就是一个独立的基站。单个基站发生故障时，不会影响其他基站的工作，同时，如果在网络规划时有所考虑，在单个基站发生故障时，调度中心可以采用由临近基站增大发射功率，覆盖故障基站区域，以确保通信的连续性。更重要的是基于 Femto 的 WCDMA 矿用无线通信系统在传输链路被切断的情况下，基站支持自组网，通过无线方式和其他基站以及地面设备建立传输链路，确保正常提供服务。在发生矿难情况下，为人员救助提供通信保障①。

## 五、WCDMA 无线通信技术

WCDMA 作为 ITU 发布的第三代移动通信空间接口技术规范之一。WCDMA 汇集了 CDMA、FDMA 的所有技术优势，其特点是较大的系统容量、强大的抗干扰能力。在通信技术方面，WCDMA 具有较大的发展空间，极佳的技术成熟程度，这类移动无线系统具有较高的扩频增益。基于此，WCDMA 能够为客户提供高速数据服务，相比于 3G 其他技术，WCDMA 的优势十分明显，能够支持速率由 8kbps 到 DL14.4/UL5.76Mbps 所有的互联网与语音服务。

煤炭矿井使用的 WCDMA 无线通信系统最初来源于公网，具有很强的公网基础，是大众技术而非小众技术，在网络设备以及终端设备上均有强大的产业链支持，在 3G 时代，世界上有 3000 种以上 WCDMA 制式的手机可供选择。确保不会出现产业链断链的情况，可有效保护客户投资。

综上所述，对于四种主要矿井通信天线装置的类型分析，可以知道：小灵通通信技术，产业链已经断链，后续升级维护困难；WIFI 虽可实现语音功能，由于技术本身的限制，实际使用时，手机经常掉线，使用频段太高，且是公用频段，无线信号在井下衰减太快，覆盖范围很小，干扰大，不能满足煤矿对于无线通信的需求，且产业链薄弱，终端设备类型非常有限，只适用于数据业务的传输；TD-SCDMA 网络，可以兼具语音通信能力，但是由于速率有限，能够传输一些图像数据，但是传输质量无法保证。

# 第四节 光纤通信网络技术

## 一、光纤网络的原理以及现状

### （一）光纤网络技术的原理

光纤网络技术是使用通过光放射的原理，对信息进行传输。在使用光纤网络技术进行

---

① 周健，傅长安，谢始富.矿井应急救灾无线通信系统[P].中国专利：201369793Y，2009-12-23.

光信号传播的过程当中，它可以把光从光密介质至走向光厚介质的同时进行信息的传递，如果在进行光放射的过程当中，入射角与折射角的角度一样，那么光就不会在接触面产生折射的现象，利用这个特点进行信息传播，不会发生能量的改变，所以在光纤网络技术当中，人们可以通过使用玻璃或者树脂加工，形成纤维组合进行光的传输，这种称为光纤。

### （二）光纤网络技术的主要应用方式

在对光纤网络技术进行研究和应用时，我们可以发现涉及的理论知识相对较多，但主要可分为光学理论知识和电子理论知识。除此之外，支撑光纤网络技术完善和发展的技术构建内容也非常复杂。比如，将光信号转化为电信号的转化器，光纤，光信号发射器等都是使用光纤网络技术进行信息传递过程不可或缺的硬件设施。为方便光信号和电信号进行相互转化以及信号的发送，在进行光纤安装时，工作人员都会将光信号的发射器安装在光线的两端，而且光纤的光系统接收器还具有放人信号的特点，所以在接上光信号之后，设备可以将光信号进行还原，转换为电信号。

## 二、光纤网络技术的优势

通过对收集的数据进行分析，可以发现我国目前光线使用的长度已经超过8万公里，而且它在我国的发展速度越来越快，从传统的单模光纤状态发展成多模光纤的状态，而且近年来，多模光线的信息传输速度呈现出大幅度提升的趋势，这使得很多电子企业纷纷加入光纤技术和光纤网络技术的研发过程中。与传统的网络技术相比，光纤网络技术具有体积小、抗干扰能力强、容量大特点，所以在我国的通信工程得到广泛的应用。

### （一）光纤网络技术抗电磁干扰的特点

使用传统的方式进行信息传递，因为电磁场的存在，导致数据传递过程当中受到各种因素的干扰，最终通信系统的质量。所以，在进行通信的数据传输的过程当中，人们不得不使用各种各样的技术，对已经存在的影响通信信号的质量问题进行解决，但这不仅使得数据传输的成本大大增加，还会影响数据传输的质量。因为在使用光纤进出进行数据传递的过程当中，是用光信号进行数据传递，所以电磁场的存在并不会对光线好的传输产生消极影响，这不仅解决了传统电信号传输过程当中电磁干扰的问题，同时还保证了数据传输的效果以及稳定性。

### （二）传输距离长，信号损耗低

在通信技术当中，电信号衰退是一个非常突出的问题，同时也是影响通信技术质量的主要问题之一，而且电信号消减速度会随着传输的距离增加而增加，所以距离越长，那么电信号衰减的程度越严重。不管是有线电信号传输还是无线电信号传输，都会存在非常明显的信号衰减问题，这极大地影响了信号通信传输的实时性。所以在进行电信号传输的过程当中，人们会通过建设基站的方式加强信号，这就极大地增加了通信传输的成本。而光纤技术并不存在电信号的损耗问题，它可以利用特有的折射原理进行信息传递，这就极大地降低了通信的建设成本和维护成本。

## 三、光纤通信技术在煤矿中的应用研究

将光纤通信技术应用在煤矿井下的作业当中，可以保证煤矿井下作业运行的安全性。光线通信技术在煤矿井下的使用，整个系统的组成，以及电路的原理与地面上的光线通信技术之间的差异相对较小。但是工作人员在进行光缆和终端设备的制造工作时，需要保证光缆的后期维修特点，使其更加符合煤矿井下作业的特点。

### （一）光纤连接在煤矿中的应用

结合目前煤矿发展的情况以及光纤通信技术的实际情况进行分析，可以发现煤矿井下的光纤连接过程必须要在热熔的基础上进行，也就是说热熔在此项环节当中起到非常重要的基础作用。因为受煤矿井下工作作业的特点和因素影响，工作人员在日常工作当中会面临着爆炸或者火灾现象的发生，所以必须要在通风较好的大巷内进行一系列的工作。在进行工作面的采挖工作时，工作人员可以先将光纤的连接引入使用的箱道当中，但是这个过程和操作使得整个工作的难度不断提升。针对这一情况，煤炭企业可以使用新型的快速连接机器，以确保光纤连接的稳定性，使光纤的使用效果得到保证。

### （二）矿用阻燃光缆在煤矿中的应用

煤矿井下所安装的光缆在整体上具有一定的阻燃性，其主要原因是光缆需要防止煤矿井下火灾现象的发生，对其使用的效果产生消极的影响。如果光缆本身存在阻燃性，那么煤矿井下一旦出现火灾现象之后，就可以对火灾蔓延的速度进行有效的控制，也可以保证火灾在一定时间内可以自行熄灭。矿用阻燃光缆在使用期间可以表现出非常明显的优势，一旦煤矿井下出现火灾之后，不会因为火灾的问题影响它的正常操作，也可以对火灾的蔓延起到有效地阻止作用，避免火灾的燃烧面积不断扩大，也可以避免设备烧毁。

### （三）本安型光端机在煤矿中的应用

本安型的电气设备在实际使用的过程当中可以表现出非常明显的安全性。因为本安型电器的电路存在安全性较高的特点，工作人员选择该类型的电气设备进行日常的工作任务的操作，可以有效避免在使用时受周围环境的影响，使得热性和电弧的相关参数指标出现不稳定性的状态，同时也不会对周围的易燃易爆物质产生引燃的作用。

## 四、案例分析

在 2019 年某个煤矿局域网的建设时间是 2019 年 1 月 12 日，它的核心设备是思科 4503，光纤设备是 LETEL 台式光纤收发器。在整个煤矿局域网当中，起到核心作用的是单膜光纤。该煤矿下属一共有 52 家单位需要进行网络的介入工作，如果在开展日常的煤矿生产期间，在 100 米之内的节点都可以使用双绞线级联服务器的方式，但是如果超过 100 米的距离，就需要使用单模光纤的方式进行记录。而且在利用光纤进行数据的传输工作时，需要在光线使用的基础上与光纤收发器进行有效的连接，如果连接的稳定性不强，那么信号传输的稳定性也会受到影响。

通过上文的分析，我们可以了解到，在开展煤矿井下工作时，拥有光纤通信技术可以确保煤矿井下作业的安全性，也可以提高井下环境检测的效果，保证地面上办公质量得到有效的提升。除此之外，光纤通信技术的使用还可以使整个煤矿企业各项工作的开展的效率得到有效提升。其实在时代快速发展的背景之下，光纤通信技术与煤矿井下作业的结合是时代发展的必然趋势，同时也是煤矿企业走向现代化的必经之路。它可以为煤矿井下的安全性起到促进作用，避免火灾现象发生之后，对煤矿企业带来的经济损失，也可以保证企业在未来的发展中更加稳定。

# 第二章 通信数据压缩与传输

## 第一节 实时压缩编码概述

### 一、数据压缩的必要性

多媒体一般包括文本、图形图像、视频和动画等。一般的文本由于数据量不大，所以存储时所占用的存储空间不多，在传输时也不占用很多的时间。相对而言，多媒体中的图形图像和语音的数据量要大一些，不过现有的计算机或通信网络也基本上能进行处理。

如果是连续的图像信号，如电视视频信号，则数字化后的数据量要大得多，按照 CCIR601 标准，以 4：2：2 编码标准为例，其比特流为 $13.5 \times 8 + 6.75 \times 8 \times 2 = 216Mb/s$，这种速率在一般的计算机上很难处理。

每分钟数字视频所占用的空间为 $316Mb/s \times 60s/8 = 1620MB$。

这么庞大的数据使得一张 650MB 的 CD—ROM 不能存储 1min 的视频影像，而一块 10G 硬盘也存储不了几分钟的视频图像。因此，多媒体中声音和图形图像的数据很大，如果不对视频图像进行压缩，计算机很难实时处理或实时传输。

### 二、数据压缩的可能性

多媒体特别是图像确实具有很大的数据压缩的潜力，它们存在很多数据冗余现象。

#### （一）编码冗余

对图像编码时需要建立码本以表达图像数据。这里码本是指用来表达一定量的信息或一组事件所需的一系列符号。其中，对每个信息或事件所赋的码符号序列称为码字，而每个码字里的符号个数称为码字的长度。如果编码所用的码本不能使每像素所需的平均比特数达到最小，就说明存在编码冗余现象。

## （二）像素间冗余

在很多形式的图像数据中，像素与像素之间无论是在行方向还是在列方向都具有很大的相关性，因而整体上数据的冗余度很大，在允许一定限度失真的前提下，可以对图像数据进行很大程度的压缩。这种与像素间相关性直接联系着的数据冗余称为像素间冗余，也称为空间冗余，另外，在连续序列图像中的帧间冗余也算是一种特例。一幅图像各像素的值可以比较方便地由它邻近像素的值预测出来，每个独立的像素所携带的信息相对较少。为了减少图像中的像素间冗余，需要将常用的二维像素矩阵表达形式转换为某种更有效的表达形式。

## （三）心理视觉冗余

眼睛所感受到的图像区域亮度不仅与区域的反射光有关，而且与眼睛对视觉信息的敏感度有关。有些信息在通常的视觉过程中相对来说不那么重要，这些信息可认为是心理视觉冗余的。心理视觉冗余的存在与人观察图像的方式有关。人在观察图像时主要是寻找某些比较明显的目标特征，而不是定量地分析图像中每个像素的亮度。人通过在脑子里分析这些特征并与先验知识结合以完成对图像的解释过程。

正是由于以上原因，图像的数据压缩是可能的。图像数据压缩技术是多媒体图像技术中十分重要的组成部分。如果不进行有效的数据压缩，则无论是传输还是存储都很难实用化。

# 三、图像压缩标准

## （一）静止图像压缩标准（JPEG）

为了压缩连续色调（即灰度级或彩色）的静止图像，"联合图片专家组"（Joint Photo-graphic Expert Group，简称 JPEG，1986 年成立）于 1991 年 3 月提出了 ISO/IEC10918 号建议草案——"连续色调静止图像的数字压缩编码"（Digital Compression and Coding of Continuos-tone StillImages），该草案于 1992 年正式通过。JPEG 算法的平均压缩比为 15：1，当压缩比大于 50 倍时将可能出现方块效应。这一标准适用于黑白及彩色照片、传真和印刷图片。

MJPEG 是 Motion JPEG 的缩写，它利用 JPEG 标准定义图像压缩，从而可以生成序列化运动图像，是全动的 JPEG 影像，所以 MJPEG 实际上是静止画片与活动图像之间的中间格式。因其压缩后格式可读单一画面，所以可以进行任意剪接。MJPEG 采用帧内压缩方式，适用于视频编辑，如果采用高压缩比，则视频质量会严重降低。MJPEG 图像流的单元就是一帧一帧的 JPEG 画片。因为每帧都可任意存取，所以 MJPEG 常被用于视频编辑系统。MJPEG 是基于 JPEG 的一种编码算法，也是由 JPEG 专家组制订的，其图像格式是对每一帧进行压缩，通常可达到 6 ：1 的压缩率。由于 MJPEG 不是一个标准化的格式，各厂家都有自己版本的 MJPEG，故双方的文件无法互相识别。

## （一）动态图像压缩标准（H.26x 系列）

### 1.H.261

1984 年，CCITT 为制订 ISDN 视频信号传输标准成立了"电视电话编码专家组"，1988 年由 Special Groupon Coding for Visual Telephony（CCITTSG15）提出了 CCITT 的 H.261 建议，1990 年 12 月通过了 H.261 即 pX64Kb/s 视听业务用的视频编解码器（video Coder/Decoder for Audiovisual ServicesatpX64Kb/s）。

H.261 建议利用视频信号帧间的相关性，以获得较大的压缩率。它包括信源编码和统计编码两部分。信源编码采用有损编码方法，又分为帧内编码和帧间编码两种情况。帧内编码减少空域冗余信息，一般采用单一的基于 DCT 的变换编码方法，DCT 系数经线性量化，再经视频多路编码器进入缓冲器。根据缓冲器的空、满度，改变量化器的步长来调节视频信息比特流，与信道传输速度匹配。帧间编码可减少冗余信息，一般采用混合编码方法。用 DPCM 编码方法对当前宏块与该宏块的预测值的误差进行编码，当误差大于某个给定的阈值时，对这些误差进行 DCT 变换、量化处理，然后和运动矢量信息一起传送到视频多路编码器。统计编码则是利用信号的统计特性来减少比特率的。

### 2.H.263

H.263 是基于运动补偿的 DPCM 的混合编码，在运动搜索的基础上进行运动补偿，然后运用 DCT 变换和"之"字形扫描游程编码，以得到输出码流。H.263 在 H.261 建议的基础上，将运动矢量的搜索增加为半像素点搜索，同时增加了无限制运动矢量、基于语法的算术编码、高级预测技术和 PB 帧编码等四个高级选项，以达到进一步降低码速率和提高编码质量的目的。

H.263 的编码速度快，其设计编码延时不超过 150ms；码率低，在 512K 乃至 384K 带宽下仍可得到相当满意的图像效果，十分适用于需要双向编解码并传输的场合和网络条件不是很好的场合。H.263 主要采用如下方法：

（1）信源编码器基于通用中间格式（CIF），使其可以同时应用于 625 线和 525 线两种电视标准。视频编码器对图像的取样次数为视频信号场线的整数倍，取样时钟和数字网之间的关系是异步关系，提供可以和其他各种设备信号相结合的独立的数字比特流。

（2）采用可减少时间冗余的帧间预测和可减少空间冗余的残留信号编码方法。解码器具有运动补偿的能力，并允许可选择地在编码器中增加这种技术。H.263 运动补偿采用的是半像素精度，而不是 H.261 建议中的全像素精度和循环滤波器，对待传送的符号采用游程编码。

（3）允许采用无限制运动矢量模式，在该模式中，运动矢量被允许指到图片的外部，可使用更大的运动矢量。允许采用基于句法的算术编码模式代替游程编码，可将最终的比特数显著降低。允许采用高级预测模式，对 P 帧的亮度部分采用块重叠运动补偿。对图片中的某些宏块采用 4 个 8X8 矢量来代替原来的 1 个 16X16 矢量。编码器必须决定使用哪一种矢量。允许采用 PB 帧模式，一个 PB 帧包含一个由前面解得的 P 帧图像预测得出的 P 帧和一个由前一个 P 帧和当前解码的 P 帧共同预测得出的 B 帧。使用这种模式可以在比特率增加幅度很小的情况下大幅度地增加帧频。

（4）信源编码器的主要原理是预测、块变换和量化。信源编码器对每秒发生 30000/1001（大约 29.97）次的图像进行操作。对图像频率的允许误差为 ±50X1（T6。采用五种图像格式，图像被编码为一个亮度信号和两个色差成分（Y，CB 和 CR）。五种标准图像格式为：sutQCIF，QCIF，CIF，4CIF 和 16CIF。对每种图像格式，色差取样被定位在和亮度块边界一致的块上。取样像素的纵横比和图像格式的纵横比一致，也和 H.261 建议中定义的 QCIF 和 CIF 一致——（4/3）*（288/352）。除了 sutQCIF 格式的纵横比为 4: 3。

3.H.264

H.264 是 ITU—T 的 VCEG（视频编码专家组）和 ISO/IEC 的 MPEGC 活动图像编码专家组）的联合视频组（JVT: joint video team）开发的一个新的数字视频编码标准，它既是 ITU—T 的 H.264，又是 ISCVIEC 的 MPEG—4 的第 10 部分。

H.264 也是 DPCM 加变换编码的混合编码模式。但它采用"回归基本"的简洁设计，不用众多的选项，获得比 H.263++ 好得多的压缩性能；加强对各种信道的适应能力，采用"网络友好"的结构和语法，有利于对误码和丢包的处理；应用目标范围较宽，以满足不同速率、不同解析度以及不同传输（存储）场合的需求；它的基本系统是开放的，其使用无须版权。H.264 的算法在概念上可以分为两层：视频编码层（VCL: Video Coding Layer）负责高效的视频内容表示；网络提取层（NAL: Network Abstraction Layer）负责以网络所要求的恰当的方式对数据进行打包和传送。

H.264 算法具有很高的编码效率，在相同的重建图像质量下，能够比 H.263 节约 50% 左右的码率。H.264 的码流结构网络适应性强，增加了差错恢复能力，能够很好地适应 IP 和无线网络的应用。H.264 具有广阔的应用前景，如实时视频通信、因特网视频传输、视频流媒体服务、异构网上的多点通信、压缩视频存储和视频数据库等。

H.264 优越性能的获得不是没有代价的，其代价是计算复杂度的大大增加，据估计，编码的计算复杂度大约相当于 H.263 的 3 倍，解码复杂度大约相当于 H.263 的 2 倍。

H.264 算法的技术特点可以归纳为三方面：一是注重实用，采用成熟的技术，追求更高的编码效率和简洁的表现形式；二是注重对移动和 IP 网络的适应，采用分层技术，从形式上将编码和信道隔离开来，实质上是在源编码器算法中更多地考虑信道的特点；三是在混合编码器的基本框架下，对其主要关键部件都做了重大改进，如多模式运动估计、帧内预测、多帧预测、统一 VLC、4X4 二维整数变换等。

### （三）动态图像压缩标准（MPEG—X 系列）

#### 1.MPEG—1

"动态图片专家组"（Moving Picture Expert Group，简称 MPEG）提出的"用于数字存储媒体运动图像及其伴音率为 1.5Mbit/s 的压缩编码"（Coding of Moving Picture and Associated Audio for Digital Storage Media at up to bout1.5Mbit/s），简称 MPEG—1，作为 ISOCD11172 号建议于 1992 年通过。它包括三个部分 MPEG 视频、MPEG 音频和 MPEG 系统。用 MPEG—1 标准的平均压缩比为 50：1，其处理能力可高达 360X240 像素。

#### 2.MPEG—2

1993 年提出、于 1996 年底正式公布的 MPEG—2 标准引用了 MPEG—1 标准的基于 DCT 的、有运动补偿的、帧间双向域基本结构，并做了扩展。它可以直接对隔行扫描视频信号进行处理；空间分辨率、时间分辨率和信噪比可分级，以适应于不同用途的解码要求；输出码流速率可以是恒定的，也可以是变化的，以适应于同步和异步传输。MPEG—2 标准的处理能力可达广播级水平，即 720X480 像素。

#### 3.MPEG—4

MPEG 于 1991 年 5 月提出关于视频音频编码的 MPEG—4 项目，设系统、音频、视频、需求、实现研究、测试及自然合成混合编码（SNHC）子组，于 1998 年 11 月成为国际标准。

MPEG—4 是 ISO 为传输数码率低于 64kb/s 的实时图像设计的。与此同时，国际标准化组织 ITU—TLBC 工作组以极低数码率电视电话（Very Low Bit Rate Visual Telephony）为目的的工作在 1995 年 1 月形成了 H.263 视频压缩编码草案。与 JPEG、MPEG—1、MPEG—2 等其他标准所采用的基本压缩算法不同，该标准采用基于模型的编码、分形编码等方法，以获得极低码率的压缩效果。所涉及的应用范围覆盖了有线、无线、移动通信、Internet 以及数字存储回放等各个领域，它在信息描述中首次采用了"对象"（Object）概念，因此，它是以内容为中心的描述方法，对信息元的描述更符合人的心理，既获得了比现有标准更优越的压缩性能，同时又提供了各种新的功能。

# 第二节 数字视频图像的数字传输技术

视频图形处理技术和传输技术是现代信息技术的产物，作为一种网络通信平台的技术，在很多领域都得到了广泛的应用。视频图像是利用视频图像处理技术等技术手段获得的一种图片，对于原始捕捉的图片进行一系列的处理和加工，调整图像的格式来实现视频图像的传输，在大量数据交流中具有重要的意义，在很多领域都得到了广泛的应用。

# 一、视频图像处理技术和传输技术

## （一）视频图像处理技术和传输技术的发展

视频图像处理技术和传输技术在我国已经经过了一段时间的发展。近年来，随着我国科学技术的不断发展，使得我国的视频处理技术和传输技术也得到了进一步的发展，在各行各业都得到了广泛的应用。在20世纪的八九十年代，我国的图像处理技术还停留在二维空间的处理层面上，应用也非常局限，一般只用在相片的处理以及电影电视的特效处理过程中。视频传输技术的发展也比较落后，传输的质量得不到有效保证。进入21世纪以来，我国的视频图像处理技术和传输技术均得到了迅速的发展，在三维空间中视频处理技术也得到了广泛应用，电影特效技术以及三维动画技术都越来越被人们使用。而视频传输技术的传输质量也大大提升，不仅如此，在视频图像传输的过程中，还能对传输的信息进行加密处理，从而确保视频传输的安全性。

在信号传输的过程中，通常是以 RPC 来解决处理器之间的通信问题，在一个程序中，不同的部分是通过 RPC 来进行协作的。如下图 2-1 所示，是 RPC 软件层协同处理的简化图。

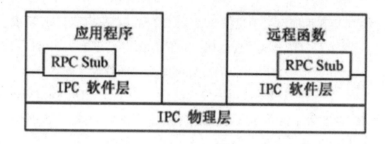

图 2-1　RPC 软件层简化图

## （二）图像压缩技术

在视频图像处理技术中，对图像进行压缩是一个重要的环节，图形压缩技术通过实现视频图像的压缩来对图像进行处理。在视频图像压缩的过程中，首先要明确希望达到图像处理的何种效果，然后确定图像处理的算法，只有确定这两个方面之后才能开始图像的压缩处理。图像处理的最终水平和技术很大程度上都是取决于选择哪种处理技术和方法，通过不同的图像处理方法，最终得到的视频图像效果也是大不相同的。在图像压缩技术中，常见的压缩技术类型主要包括 H.264、MPEG4、M-JPEG 和 JPEG 等。在对视频图像进行实际压缩处理的过程中，选择出来技术时应该充分考虑到处理器的性能指标[①]。

JPEG 技术最大的优势就是可以实现 IP 报的编码处理，其包括视频编码层和网络层两个部分，在网络处理方面具有很强的处理适应性，在对视频图像进行压缩时可以取得很好

---

① 林娜.论视频图像处理与传输技术的应用 [J]. 电子技术与软件工程，2015，（14）：78-79.

的压缩效果。MPEG4 技术并不是一种具体的计算方式，而属于一种统一的数据格式，通过识别不同的数据编码以及对象编码组成音视频。MPEG4 技术处理的视频图像容易失真，主要运用在比特率较低和对视觉比较低的场合和领域，在这些领域得到了广泛的应用，因为其图像的像素较低，因此可以大大节约储存的空间，在数字广播电视、数字电视以及有线电视领域都得到了广泛的应用。M-JPEG 技术是将连续的运动图像转化为静止图像的一种技术，可以保证视频图像的速率和分辨率，应用也非常广泛，尤其在 PC 视频监控方面得到了非常广泛的应用①。由于其图像的分辨率非常高，因此需要占据较大的数据量，所以在图像的处理上具有一定的局限性。JPEG 技术是在 DCT 基础上建立起来的，在网络的传输过程中并不适用，在压缩比例为 20 ：1 的压缩算法下具有最好的图像处理效果。每一种压缩技术都具有自身的优点，表现出来的性能也是不一样的，四种图像压缩处理技术的构成以及应用优势和缺点如下表 2-1 所示。在实际选择处理技术的同时，不仅要考虑到每一种图像压缩处理技术的特点，同时也应该考虑到处理器的性能指标。

**表 2-1 四种图像压缩处理技术的应用优势、缺点分析**

| 图像压缩处理技术 | 构成和应用原理 | 应用和优势 | 缺点和不足 |
|---|---|---|---|
| JPEG | 视频编码层、网络层 | IP 报的编码处理、具有很强的适用性 | — |
| M- JPEG | 通过识别不同的数据编码以及对象编码组成音视频 | 数字广播电视、数字电视以及有线电视领域、大大节约储存空间 | 视频图像容易失真 |
| MPEG4 | 将连续的运动图像转化为静止图像 | 图像分辨率高、在 PC 视频监控方面应用广泛 | 数据量大、处理具有局限性 |
| H.264 | 在 DCT 基础上建立起来 | 在压缩比例为 20 ：1 的压缩算法下处理效果最好 | 不适用网络的传输过程以及流媒体中 |

## （三）视频图像处理技术

我国的视频图像处理技术经历了一段时间的发展，技术发展越来越成熟，但是在后期的处理过程中，只有确保原始图像的质量才能保证视频处理的质量，对于原始视频图像比较差的图像，经过处理也很难获得质量较好的效果。在视频图像处理技术中，获取视频的设备主要包括照相机、摄影机和摄像头等，这些视频获取的设备的分辨率普遍比较低，获取的图像在清晰度上表现出一定的劣势，因此，再经过视频图像处理技术进行处理之后，图像的质量会进一步下降。针对这种情况，一些获取视频的设备生产厂家研发出 HDR-SR12E/SRllE 摄像机，在摄像机中充分运用 CMOS 影像传感器的优势，可以大大提高获取图像的质量，可以在传统排列像素的基础上选择装 45°②。除此之外，将三个独立式的

---

① 马晨 . 双通道 USB3.0 高速图像传输与 GPU 并行图像处理技术研究 [D]. 北京理工大学，2015.

② 谭鹃 . 视频图像处理技术的发展应用探析 [J]. 中国新通信，2015，（1）：70-71.

CCD 传感器应用在 HDC-HS9GK 摄像机中，可以对获取图像中的色彩进行更好的处理，从而获得更高质量的图像。

## 二、视频图像处理技术和传输技术的应用

### （一）在道路监控中的应用

将视频处理技术和视频传输技术应用在道路监控中是一种非常常见的应用，在保障道路安全、维护交通规则中具有重要的意义和作用。通过道路监控系统，交通部门可以随时了解交通情况，针对道路拥堵的情况可以及时采取处理措施。此外，通过道路监控系统，还可以有效地规范司机遵守交通规则，维持交通秩序。当发生道路交通事故时，还可以通过道路监控系统进行取证，通过视频图像的取证来判定交通事故中的肇事者，分析不同人员应负的责任。在我国经济不断发展的背景下，我国的交通系统也变得越来越复杂，因此对视频处理技术和传输技术也提出了更高的要求①。现在车辆的行驶速度越来越快，在对超速行驶的车辆捕捉其车牌号时，必须使用更高的视频图像处理技术，对图像处理技术进行分割，从而有效地排除其他因素的干扰，获得真实可靠的信息。在道路监控中，实现了视频图像处理和传输的远程控制，如下图 2-2，是远程控制模块的硬件组成图。在很多大城市中，道路监控系统都建立了视频图像传输网络，使视频图像的传播更加方便，扩大传播距离和范围②。

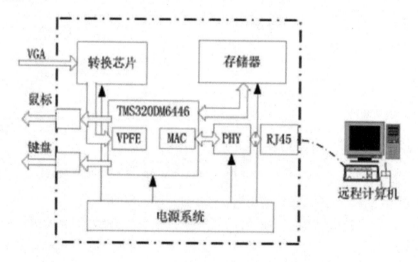

图 2-2　远程控制模块的硬件组成图

### （二）在监控视频中的应用

在我国航空航天事业不断发展的同时，视频图像处理技术和传输技术在视频监控中也

①　卫小伟 . 视频图像处理技术在智能交通系统中的运用 [J]. 电子制作，2015，（12）：156-157.

②　何军玲 . 视频监控技术的发展与应用探讨 [J]. 电子技术与软件工程，2014，（18）：88-89.

得到了广泛应用。通过视频处理技术和传输技术的应用，实现了人们实时观看的目的，将监控视频中获取的图像和视频进行传输[①]。和道路监控系统一样，监控视频对视频处理技术和传输技术提出了更高的要求，监控视频一般用于大型的超市、学校、公安厅以及居民社区等，应用非常广泛，一旦发生安全事故，监管人员就可以利用监控的图像，通过视频图像处理技术进行处理和传输，最终得到想要的数据和图像。在监控视频中，一般采用无线传输的方式来实现视频图像的传输的。通过无线传输的形式，可以大大提高传输的质量，获得更快的传输速度，同时还具有较强的抗干扰性能，可以保证传输质量的提高。视频传输在传输之前一定可以进行多次的压缩，减少图像的存储空间，同时提高传输信息的安全性，又能不对原始的图像造成损害。

视频图像处理技术和传输技术在我国的很多行业中都得到了迅速的发展，除了常见的道路监控以及监控视频领域外，在医学生物方面以及文化艺术方面也得到了广泛的应用，对医学显微镜、超声波图像以及 X 光图像的分析、电子游戏、动画制作中都是非常常见的。

# 第三节　数字视频网络传输技术

数字视频网络传输中主要有三种 IP 数据通信方式，即单播（点点通信）、全网广播（广播）和组播。对三种数据通信方式进行比较，发现 IP 广播不适合于视频传输，而单播和组播则在不同的视频传输应用中具有明显的优势。

## 一、单播与点播

单播是指两个 IP 地址间进行的数据通信。在客户端与媒体服务器之间需要建立一个单独的数据通道，从一台服务器送出的每个数据包只能传送给一个客户机，这种传送方式称为单播。每个用户必须分别对媒体服务器发送单独的查询，而媒体服务器必须向每个用户发送所申请的数据包拷贝。

客户端主动连接到服务器端的单播连接就是所谓的点播（ondemond），即用户通过主动选取播放内容来初始化的连接方式，是一种特殊的单播形式。点播方式可以为客户端提供对流的最大控制权，对媒体流可以做开始、暂停、后退、快进、停止等操作。

但是由于每个用户必须分别对媒体服务器发送单独的查询，而媒体服务器必须向每个用户发送所申请的数据包拷贝，即需要将数据包复制多个拷贝，以多个点对点的方式分别发送到需要它的那些用户；这种巨大冗余给服务器造成沉重的负担，响应需要很长时间甚至停止播放。因此，这种方式主要适合于客户端数量很少的情况以及视频点播中。

---

① 马玥.探究视频监控系统的发展与运用[J].城市建设理论研究（电子版），2014，（6）：126-127.

## 二、组播

组播是指在 IP 网上对一组特定 IP 地址进行数据传送。IP 组播技术构建一种具有组播能力的网络，允许路由器一次将数据包复制到多个通道上。采用组播方式，单台服务器能够对几十万台客户机同时发送连续数据流而无延时，其基本思想是媒体服务器只需要发送一个信息包，所有发出请求的客户端共享同一信息包，多个接收者可以接收同一个或一组源发出的相同数据的一个拷贝。IP 组播强制网络在数据流分布树的分叉处进行信息包复制传输给各终端，而不是由信息源节点多次重复地发送相同的数据包，从而减少网络上传输的信息包的总量，网络利用效率大大提高，成本大为降低。

全网广播是指在 IP 子网内向所有网内 IP 地址以广播的方式发送数据包，所有子网内的 IP 站都能收到广播。广播指的是用户被动接收流。在广播过程中，客户端接收流，但不能控制流。例如，用户不能暂停、快进或后退该流。在广播方式中数据包的单独一个拷贝将发送给网络上的所有用户。

综上所述，使用单播发送时，需要将数据包复制多个拷贝，以多个点对点的方式分别发送到需要它的那些用户。而使用广播方式发送，数据包的单独一个拷贝将发送给网络上的所有用户，而不管用户是否需要。上述两种传输方式会非常浪费网络带宽。组播吸收了上述两种发送方式的长处，克服了上述两种发送方式的弱点，将数据包的单独一个拷贝发送给需要的那些客户。组播不会复制数据包的多个拷贝传输到网络上，也不会将数据包发送给不需要它的那些客户，保证了网络上多媒体应用占用网络的最小带宽。

# 第三章 数字式监控系统应用

数字视频服务器将现场摄像仪的模拟信号进行采集和数字化处理，并将其转化为数字流在网络中传输。网络中任何一台计算机通过授权，即可观看图像。另外，网络带宽可复用，节省了设备成本，且与传统的模拟图像相比，其传输图像品质好、稳定性高。

## 第一节 数字式监控系统概述

### 一、基于 PC 的视频服务器

以 PC 机为基础的硬件数字视频服务系统，配备图像采集或图像采集压缩设备，视频流控制应用程序组成一套完整的系统。PC 机是一种通用的平台，围绕 PC 机的各种软件及图像采集设备非常多，产品的性能提升较容易，软件修正补充比较方便。

常用的 PC 机有工控机和商用机两种。工控 PC 机对运行环境的要求较低，系统通风、散热效果好，能够长时间不间断地工作，抗干扰能力强；工控 PC 系统对各种硬件、软件的兼容性高，系统运行的稳定性较好；采用工控机箱，能够有效地工作在各种恶劣的工作环境中。采用 CPU 工业集成卡和工业底板，便于有标准的设备驱动和控制，并且支持的图像监控的通道数较多。而商用 PC 机由于兼容性问题和抗干扰能力差，稳定性不如工控 PC 机高。

PC 式视频服务器目前采用纯硬件压缩、软件压缩和硬件软件相结合解压缩三种技术，采用后两种技术的视频服务器，因为软件解压缩比较占用计算机的 CPU 和内存资源，因而处理和录制图像的能力有限。在有些要求图像质量高、压缩比高的压缩算法下，能够处理的图像帧数更少。因而，大容量大路数视频服务器必须采用纯硬件解压缩方式进行，并且尽可能少地占用计算机的 CPU 和内存资源，由于这样还减少了软件运行的不确定因素，使系统的稳定性和可靠性也大大加强。

基于 PC 的视频服务器采用"硬件压缩 + 软件视频流控制"的机制，实时视频由数据采集压缩卡完成，控制软件主要完成对采集和压缩视的频流显示和存储控制。采用纯硬件解压缩，将音视频采集、编码压缩、解码显示采用一片集成芯片进行，利用计算机 PCI 总线结构，将多路音视频直接分配传输到计算机显卡，IDE 总线进行图像显示和存储，能够使系统运行效率最高。

## 二、嵌入式视频服务器

由于 PC 式视频服务器运用 Windows 平台，相对容易死机，所以在无人值守等领域需要嵌入式产品。所谓嵌入式，是指采用单主板对图像进行数字处理，不易死机。嵌入式网络视频服务器建立在嵌入式处理器和嵌入式操作系统上（而不是在 PC 处理器和 PC 操作系统上），采用嵌入式实时多任务操作系统（RTOS）和嵌入式处理器，完全脱离 PC 平台，系统调度效率高，代码和所有参数保存在 EPROM 中，掉电不丢失，硬盘即插即用。

视频信号由远端的模拟摄像仪进行采集，采集的信号首先进入视频 A/D 转换单元，以 PAL 或 NTSC 格式对采集到的模拟视频进行 A/D 转换。首先对模拟视频信号进行箝位、放大和滤波，去除信号的噪声干扰。净化后的信号经过 A/D 转化为数字视频信号，数字视频经过 Y/C 分离控制电路进行 Y、UV 分离。分离后的 Y、UV 信号分别进入亮度和色度控制电路，亮度和色度的信号根据用户预设值得到增强或削弱。经过亮度和色度处理的 YUV 信号在视频解码电路中被转化成可被压缩编码单元处理的 CCIR-601 标准视频数据流。

压缩编码单元完成对 PAL 和 NTSC 格式视频的压缩编码和解压缩，为了实现高效快速编码，芯片以硬件方式可完成运动估计、运动补偿、DCTJDCT、量化和反量化以及变长编码。电路集成了 DRAM 控制器，通过 32 位的地址总线完成 SDRAM 帧存储器的交互，并提供了一个通用 I/O 数据接口和 PCI 接口，完成与下位机和控制设备的通信。

RISC 中心控制单元是一种高效的 32 位处理器，内置 4K 字节的指令缓冲区和 4K 字节的数据缓冲区。具有 PCI 总线接口连接低速设备，RS232 接口完成与云台的异步通信。DRAM 接口完成与同步动态存储器的连接。

低电源 CMOS 主要完成对系统信息的存储；数字 I/O 接口通过 PCI 总线与视频编码单元和以太网控制电路交互；看门狗电路扫描时间为 1.6s，保证系统的稳定正常运行。同步动态 RAM 主要为编码单元和处理器提供存储单元。以太网控制电路主要完成网络适配器的功能，对数据底层打包后，向网络发送。该单元利用 PCI 总线的特点，能够提供一个 32 位的数据路径来提高运行效率，与兼容 ISA 总线的网络适配器相比，能够有效减少网络接入的冲突。

## 三、数字式工业电视监控系统的发展

视频监控系统的发展经历了三个阶段。在 20 世纪 90 年代初以前，主要是以模拟设备为主的闭路电视监控系统，称为第一代模拟监控系统。20 世纪 90 年代中期，利用计算机的多媒体技术来实现监控，称为第二代数字化本地视频监控系统。20 世纪 90 年代末以来，以网络为依托，以数字视频的压缩、传输、存储和播放为核心，以实用的智能图像分析为特色，引发了视频监控行业的技术革命，视频监控步入全数字化时代，是视频图像监控的最新技术，称为第三代远程视频监控系统。

第三代远程视频监控系统是以数字视频处理技术为核心，综合利用光电传感器、数字化图像处理、嵌入式计算机系统、数据传输网络、自动控制和人工智能等技术的一种新型监控系统。远程数字视频监控系统不仅具有本地数字监控系统所具有的计算机快速处理能力、数字信息抗干扰能力、快速查询记录、视频图像清晰以及单机显示多路图像等优点，而且依托网络，真正发挥了宽带网络的优势，通过 IP 网络，把监控中心和网络可以到达的任何地方的监控目标组合成一个系统，适应了当前办公楼设备管理数字化、网络化和智能化的发展趋势。

在监控领域中，数字化和网络化是一种发展趋势。监控系统从最初的模拟监控系统发展到基于 PC 多媒体卡的数字监控系统，解决了视频质量和数据存储的问题，大量的局部监控系统得以建立。但网络带宽的不足和音视频编解码技术的限制，使得网络化的数字监控系统发展缓慢。随着宽带网络的迅速普及和多媒体及 Internet 技术的发展，特别是 IP 网络和 MPEG4 技术的逐步成熟，网络化的数字监控系统步入大规模商业应用阶段。

## 四、数字式监控系统应用

### （一）基于集中控制的煤矿数字工业电视监控系统

煤矿井下网络质量差，网络传输丢包率和误码率比较大，并且煤矿中各种大型设备对网络的电磁干扰强，网络环境不稳定。基于集中控制的煤矿数字工业电视监控系统中，数字视频服务器以及硬盘录像系统利用分布式视频分布和集中权限控制的方法，一方面减轻网络中某个节点传输大容量实时视频时的网络压力，避免网络拥塞；另一方面通过集中控制实现分级权限管理，保证网络视频信息的传输安全，为煤矿的安全生产提供了一个数字化视频监控平台，极大地提高了企业的自动化生产和管理水平。

#### 1. 系统结构

系统主要由硬盘录像服务器、管理服务器和客户段组成。

（1）硬盘录像服务器。采用高性能的视频压缩技术标准 H.264 及 Ogg VorbisC 相当于 G.722）的音频编码标准，实现视频及音频的实时压缩编码（CIF 格式 25 帧 PAL/30 帧 NT-SC）并精确同步，实现对动态码率、可控帧率、动态图像质量的控制，能独立调整各通道参数，完成本地的实时存储，提供三种录像方式（手动录像、定时录像和移动侦测录像）及各通道协议可选的云台控制，并通过网络向客户端提供视频服务。

（2）网络管理服务器。负责用户管理、权限的设置、用户认证，以及所有的硬盘录像服务器与客户端视频信号的连接属性的设置。

（3）客户端。接收服务器视频信号，实现实时预览，并能通过服务器控制前端串行设备（云台）。

### 2. 系统功能

（1）压缩功能。采用高性能的视频压缩技术标准 H.264 及 OggVorbis（相当于 G.722）的音频编码标准，完全依靠硬件实现了视频及音频的实时编码（CIF 格式 25 帧 PAL/30 帧 NTSC）并精确同步。与 MPEG—I 产品相比，在保持同等图像质量的前提下，能大大节省存储空间，并且非常适合宽带网或窄带网的传输，是新一代数字监控产品的最佳选择。

（2）多路预览。将压缩后的视频图像在显示器上回显，并可适当调节各路视频的对比度、明亮度、色度和饱和度，各路互不干扰，相互独立；支持 1/4/6/8/9/16/32 路多种形式的视频显示界面，并可以任意切换显示方式；支持任意一路图像的放大、全屏以及多窗口全屏显示方式。

（3）客户端访问模式。本系统支持 C/S 和 B/S 两种模式。在 C/S 模式下，客户端 PC 机需安装客户端应用软件，该软件以电子地图的模式更好地实现图形化操作；在 B/S 模式下，通过 TT 浏览器实时浏览视频服务器的视频信号和音频信号。

（4）录像功能。采用高速、大容量硬盘作为存储介质，完成硬盘录像功能；支持动态录像、手动录像和定时录像三种录像方式，并支持循环录像的功能，同时支持单帧图像的捕获存储。

（5）检索回放。支持录像文件检索（以时间作为查询条件）、回放、删除。回放中，用户可通过滚动条或者按钮实现快放、慢放功能，并且支持逐帧回放、回放抓图功能，支持全屏回放；实时显示回放文件状态（包括文件已经回放帧数／总帧数、文件已经播放时间／总时间、文件录像时间信息等）。

（6）状态显示。服务器软件通过状态指示灯，显示系统各通道的工作状态。绿色表示预览；红色表示手动录像；黄色表示移动侦测录像；蓝色表示定时录像。

（7）视频参数调节。编码的同时可调节视频参数，各通道独立，右键菜单提供"恢复默认设置"功能。

（8）图像参数设置。编码的同时修改除码流类型（复合流、纯视频流）以外的所有参数，主要包括分辨率、码流、帧率、量化系数、帧结构等，而无须停止、启动压缩，还是一个文件记录。播放器会自动识别帧率、分辨率等参数，按当前压缩帧率、分辨率播放，且声音图像播放保持正常。

通过动态修改量化系数（I、P、B）可控制压缩码率，当码率太高时，加大量化系数；当码率太低时，减少量化系数。当然，在量化系数满足的情况下，不必再减少量化系数。量化系数的设置按照建议值设置 [15（I），15（B），20（P）/18（I），18（B），23（P）]，否则会造成码流不能识别而引起该录像文件不能回放。可动态改变帧率非常有价值，在运动时按25F/S录像，在无运动时按低帧率录像，运动时按高帧率录像，记录在同一个文件内，可大大节省硬盘空间。

分辨率设置：一块卡支持8路的2CIF/CIF/QCIF实时编码压缩，同时也支持4路的4CIF实时编码压缩。

（9）OSD设置。设置每个通道的时间和通道名的OSD显示，可自定义OSD的显示坐标位置。

（10）管理功能。支持登录/退出系统密码操作，并将登录信息（用户名、时间、登录/退出）写入日志文件；提供应用程序锁定和密码解锁功能，在无人监控的情况下保证系统的安全。

（11）云台控制功能。支持服务器用户以及客户端用户对远端摄像头（聚焦、光圈、雨刷等）和云台（上、下、左、右等）的控制，各通道协议可选，客户端获得权限才能操作云台，服务器可以抢断任意客户端的操作权限。

3.详细技术参数（见表3-1）

表3-1　详细技术参数

| 视频输入 | 1—32路Video |
|---|---|
| 视频制式 | PAL.NTSC |
| 图像分辨率 | NTSC：352×240（CIF）fPAL：352×288（CIF） |
| 每路图像帧数 | 25帧/秒（PAL）、30帧/秒（NTSC） |
| 最大显示和压缩帧数 | 600帧/秒 |
| 压缩记录标准 | H.264 |
| 预览功能 | 可实现1，4，6，8，9，16，32路实时预览 |
| 颜色设置 | 可动态调整录像和预览颜色 |
| 参数设置 | 可动态设置图像采集和传输的质量，达到最佳传输效果 |
| 传输参数 | 25Kbit/s/路（Min），40Kbit/s/路（Max） |
| 录像参数 | 40MA小时·路）（Min），280（M/小时·路KMax） |
| Web浏览 | 实现B/S模式，对服务器浏览 |
| 录像功能 | 可实现最大32路实时录像 |
| 图像播放 | 可进行任一路图像的回放，速度可调 |
| 记录方式 | 连续记录 |
| 占用磁盘空间 | 视频：40M～280（M/路·小时） |
| 系统运行平台 | WindowsXP |
| 电源 | 230VAC±10% |
| 外型尺寸 | 标准上架式2U机箱 |

## （二）无线远程图像监控

无线远程图像监控系统集成了计算机技术、无线宽带通信技术、图像解压缩技术、图像识别技术、红外图像采集技术、工业数据采集等诸多学科技术，广泛应用于安全技术防范领域及工业自动化领域。

### 1. 系统构成

无线音视频传输系统主要由监控前端设备、无线微波收发装置、无线遥控云台装置、显示录像终端设备构成。

（1）图像传输

利用 PT 系列无线音视频传输系统，可以无线、远距离传输一路或多路视频信号、一路或多路音频信号，所获得的图像信号和音频信号实时、连续、无失真。无线音视频传输系统实际传输距离在无遮挡条件下最远可达 10 余公里。

（2）指令传输

无线遥控云台装置主要包括无线指令发射机和无线指令接收机。它采用大功率发射和高灵敏接收机，与图像传输系统相配合，可以组成多级控制系统，即一个控制中心控制多个分控点，分控点可设多个切换云台、镜头、电源等进行灵活控制，控制中心可以随意控制任何一个分控点的任意一个摄像机及云台镜头，最终实现对多个云台、镜头、电源以及切换控制器的实时控制。

### 2. 系统组成及特点

发送设备：包括无线影音发射机、直流稳压电源和发射天线。

接收设备：包括无线影音接收机、直流稳压电源和接收天线。

传输方式：点对点传输。

传输质量：技术性能稳定，图像清晰，伴音悦耳，无失真，图像质量优于四级。

抗干扰性：WFM 调制方式，抗干扰性好，不受广播电视、移动通信影响，易于加密。

实用性：发射机体积小，质量轻，便于携带，耗电小，即装即用，免调试。

兼容性：可以连接任何品牌的标准摄像机和其他视音频设备。

无线音视频传输系统以自由空间为传输介质，通过无线传输的方式实现远距离的电视监控，它克服了闭路电视监控系统只适合近距离、小范围的不足，使电视监控系统应用更广泛。由于采用无线传输方式，无须布线，无线视频传输已成为实现远距离、大范围电视监控的一种有效手段。

# 第二节 数字同步网监控系统

## 一、数字同步网的地位及其监控系统的意义

### （一）同步网的地位

数字同步网是电信网的三大支撑网之一，是数据通信网内为实现网络节点时钟同步而建立的一个定时信号产生、接收和分配的网络，同时也是电信网开放各种业务的基础、保证网络定时性能的关键所在以及通信质量的重要保障。同步网能准确地将同步信息由基准时钟向同步网内各同步节点传递，从而调节网内时钟以建立和保持同步，满足电信网业务信息所需的传输和交换性能要求。

### （二）监控系统的意义

同步网具有节点多、涉及面广的特点。虽然每个节点的设备不多，但对维护人员的要求却很高，因此，最适合采用集中监控和集中管理方式。同时，国内外同步网建设和运行经验均表明，要保证同步网的稳定可靠运行，建立监控系统是必不可少的。监控系统的主要作用是实时监测同步节点和同步链路的故障告警，掌握分析网络性能质量以及对网络实施控制管理。

## 二、我国同步网监控系统的发展历程

自 20 世纪 90 年代中期我国建设同步网起，监控系统至今已经历了国外监控系统和国内第一、第二代监控系统三个发展阶段。

20 世纪 90 年代中期是我国同步网建设的初期阶段。当时采用的是国外时钟，同时还引进了配套的监控系统。该系统采用 X.25 分组网技术搭建数据通信平台，初步满足了网络的维护需要。但由于该系统存在着网管结构不合理、无中文界面及网管功能欠缺等问题，因此很快就被淘汰了。

受原邮电部电信总局委托，原邮电部设计院（现中讯邮电咨询设计院有限公司）于 20 世纪 90 年代中后期成功地研发了国内第一代监控系统。该系统采用 2 级网管结构，时钟接入设置通信接口机，数据通信采用 X.25/DCN 技术。鉴于该系统很好地满足了运营商的网络维护需求，因此很快就在中国电信集团的国家骨干网、25 个省内骨干网及部分本地网得到了应用，从而迅速地取代了国外监控系统。

随着电信技术和我国电信网络的迅猛发展，到 21 世纪初第一代监控系统已逐渐显示

出不足，现已逐步被第二代监控系统所取代。第二代监控系统的主要特点是：摒弃了维护困难的第一代监控系统的通信接口机组网方式，用数据管理能力更为强大的大中型关系数据库 MSSQL Server 替代了原单机版、单线程的 MSACCESS，增加了网络层管理功能等，以及在数据通信上用 DCN 全面替代了 X.25 分组网等。

第三代监控系统目前还在积极研发中，它将对第二代监控系统做全面的改进。相信在不久的将来，它也将迅速地取代第二代监控系统。

## 三、同步网结构

同步网通常采用的是混合同步方式，即：骨干网采用独立的同步网，末梢部分采用业务网内同步。以下提及的"同步网"均指骨干网。

我国各大运营商的同步网均采用主从同步方式，即以主基准时钟的频率控制从钟的信号频率。也就是说，数字网中的同步节点和数字设备的时钟都受控于主基准时钟的同步信息，此信息从一个时钟按规定顺序传至另一个时钟。同步信息可以从包含在传送业务的数字信号中的时标中提取，也可以用指定的链路专门传送，从主基准钟送出的定时基准信号中提取；另外，还可以在同步节点将收到的基准信号经过处理后向外转发。

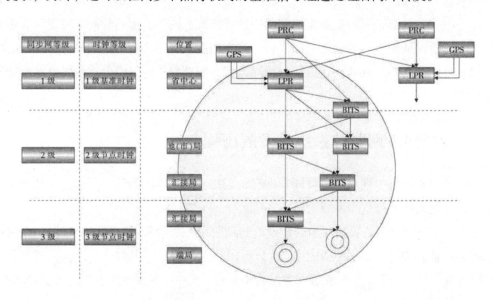

图 3-1 典型同步网结构示意

据 ITU-T 规定，同步网使用的系列等级时钟可分为以下四个等级。

（1）基准主时钟（PRC）。PRC 为 1 级时钟，是全网的定时基准，由 G.811 建议进行规范。PRC 一般采用频率精度与稳定度极高的铯原子钟或氢钟，其频率精度优于 $1 \times 10^{-11}$。

（2）2 级从时钟。2 级从时钟为加强型 2 级时钟，其性能相当于 G.812 建议的 II 型时钟。

（3）3 级从时钟。3 级从时钟为加强型 3 级时钟或 3 级时钟，其性能相当于 G.812 建议的 III 型或 IV 型时钟。

（4）4级从时钟。4级从时钟由 G.813 建议规范。

我国同步网由前3级时钟，即 PRC、2级和3级从时钟组成。典型的同步网结构示意见图 3-1。

## 四、监控系统的结构与功能

### （一）监控系统的结构

目前，我国同步网监控系统采用的主要是国内第二代系统。该系统采用了集团网管中心（SNM）和省网管中心（SRM）2级网管结构，其结构示意见图 3-2。

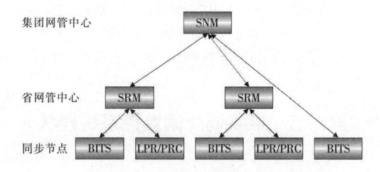

图 3-2 同步网监控系统结构示意

#### 1.SNM

SNM 主要负责骨干网的管理，主要包括收集骨干网运行数据、统计网络运行质量及分析掌握网上运行情况等。SNM 应根据骨干网络故障（尤其是跨省定时传输链路故障）时收集到的数据进行综合分析、找出故障来源并进行处理，应接收 SRM 定期上报的统计汇总报表数据，需要时还可通过远程接入方式访问 SRM 调看省内节点的运行情况。

#### 2.SRM

SRM 主要负责管理省内同步网、收集网络运行数据、统计网络运行质量以及分析掌握网上运行情况等。SRM 应根据省内网络故障（包括设备和定时传输链路故障）时收集到的数据进行综合分析、找出故障来源并进行处理，应根据需要配合 SNM 对骨干网络的故障处理，还应该定期地将所辖节点的主要运行数据统计汇总成报表上报给 SNM。

### （二）监控系统的功能

监控系统应具备如下基本功能：

（1）数据采集处理。数据采集处理主要负责数据采集与处理、异常处理及日志管理等。

（2）故障管理。故障管理主要负责告警实时图形和告警列表显示、同步告警及告警清除等。

（3）配置管理。配置管理主要负责设备运行状态动态显示、板卡端口参数显示及优先级、信号门限、信号告警级别、信号闭塞打开等参数设置。

（4）性能管理。性能管理主要负责性能列表（显示、过滤条件设置、手工轮询、数据导出）及性能曲线绘制（显示、打印、性能模板设置）等，其参数有 LOS、AIS、OOF、CRC、BPV 及相位、MTIE、TDEV、$\Delta f/f$ 等。

（5）数据统计分析。数据统计分析主要负责数据后期处理、报表统计及输出端口统计等。

（6）网络拓扑。根据所辖同步节点设备输入信号的来源，显示网络拓扑结构图。在 SDH 环境下，BITS 输入端口的输入信号来源是可变的，该拓扑结构图应动态地显示实际变化结果。

（7）安全管理。安全管理主要负责用户分级及日志记录等。

（8）系统维护。系统维护主要负责增加、删除网元设备、修改网元属性配置数据、管理信号的各种维护门限、系统时间同步管理以及数据备份与恢复等。

# 第三节　数字同步网监控系统现状

## 一、监控系统的现状及存在的问题

### （一）监控系统的现状

目前我国部署的是 2000 年研发的第二代监控系统，该系统具有以下特点。

（1）采用 SNM 和 SRM2 级网管结构。

（2）软件采用 C/S2 层架构实现。

（3）系统平台采用 WindowsNT4.0Server/Windows2000。

（4）数据管理采用关系数据库 MSSQLServer97/2000。

（5）组网上不再支持接口机 /X.25 方式，而采用直连方式。对于没有 Internet 接口的 BITS 设备，需要使用 RS232- 以太网接口协议转换器进行接口转换。由于协议转换器只是实现数据的透明传输，不对数据进行任何处理，因此可认为是直连方式。

（6）软件主要包括监控台程序以及通信处理前置机程序等模块。其中，监控台程序属于前台界面程序，负责人机界面；通信处理前置机程序属后台程序，负责与网元的通信连接，并进行相应的数据处理。

（7）具备故障、性能、配置、安全、系统维护及报表等管理功能。

### （二）监控系统存在的问题

虽然目前各大电信运营商均先后建设了集团骨干网、省内同步网及本地同步网，但由于认识不足等原因使监控系统存在以下问题。

（1）未部署监控系统。由于错误地认为同步网是免维护的网络，没有意识到建设监控系统的必要性，致使很多同步网项目未建设相应的监控系统或只使用简易的网管，导致网络运行质量和效率低下。

（2）未建设统一网管平台。由于有的运营商是由多家运营商重组而成的，因此存在多套网管系统的现象。虽然进行了同步网资源的整合，但并未进行监控系统的融合，这不仅增加了网络的维护难度，同时也不利于对整合后的同步网进行故障分析及报表生成等。

（3）系统结构不能满足需要。虽采用了所谓的 2 级网管技术，但上级网管是与网元直接通信的，上级网管可直接向网元获取告警、性能及配置等数据，而不需经下级网管转发，下级网管只是负责向上级网管转发部分报表而已。由此可见，这种 2 级网管之间的关系是平行的，不是真正的上 / 下级的 2 级网管体系。这种关系的弊端有两种：一是下级网管不能平衡上级网管的负载，使上级网管无法管理较大数量的网元，二是不利于网元接入上级网管的故障处理。

（4）软件架构不能满足部署的需要。软件架构采用的 C/S2 层技术仅适合在局域网环境下部署客户端，而无法适合在企业广域网范围内部署客户端；另外，数据交互以数据库 / 轮询方式实现，数据交互也不及时。

（5）网管功能有待进一步完善。由于当前部署的监控系统只具备基本的网管功能，缺乏适应维护需要的新功能（如完善的告警智能处理知识库等），有待进一步完善。

（6）第三方接口功能不足。各运营商均在各专业网管基础上搭建了综合网管平台，从而需要专业网管提供标准的对外接口。但当前部署的监控系统提供的第三方访问接口通常是暴露数据表结构，需第三方定时轮询该数据库表，不仅安全性不好且实时性也较差。

# 二、第三代监控系统方案

## （一）级网管结构

第三代监控系统将采用真正的 SNM 和 SRM2 级网管结构体系，2 级网管结构示意见图 3-3。该结构的 SNM 不再与网元建立直接的通信连接，而是通过 SRM 对网元进行管理。这样，SNM 只需与 31 个省（自治区、直辖市）的 SRM 建立连接即可，其数量有限，从而可管理更多的网元。同时，与 SRM 连接的网元维护工作是由 SRM 承担的，从而大大减轻了 SNM 的维护工作量。另外，该结构可以灵活地扩展为多级网管结构，如可方便地增加本地网管中心（SLM）。

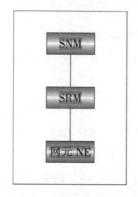

**图3-3　级网管结构示意**

## （二）软件架构

第三代监控系统采用三层 C/S 与 B/S 相结合的分布式软件架构，网管软件架构示意见图 3-4。该结构可满足在企业广域网内部署客户端的需要，提供设备统一接入平台，适应快速接入新设备的能力。软件主要由界面显示、数据管理以及多设备统一接入平台层和对外数据接口组成。

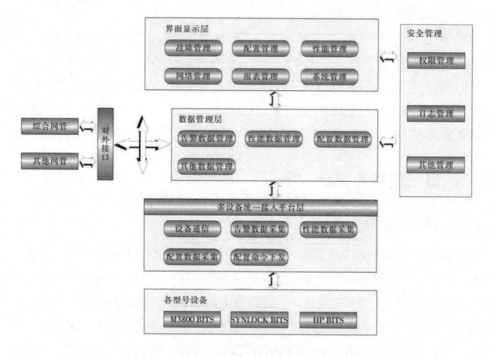

**图3-4　网管软件架构示意**

（1）界面显示层。在软件部署时，界面显示层属客户端软件范畴，软件实现可采用图形终端或 Web 方式。界面显示层主要负责用户界面显示，主要包括故障、配置、性能、网络、报表、系统等管理功能。每个功能模块具体编程实现时，可根据标准化、松散耦合及可扩展性原则，分为一至多个组件或 DLL。

（2）数据管理层。数据管理层主要负责各类原始数据的分析、统计与存储，处理界面显示层的请求以及返回其所需要的各类数据。管理范围主要包括性能、告警及配置等数据。在软件部署时，数据管理层属于应用服务器范畴，安装在服务端。

（3）多设备统一接入平台层。多设备统一接入平台层主要负责提供统一接入多种型号设备能力，功能模块主要包括设备通信及告警、性能、配置数据采集等。

（4）对外数据接口。对外数据接口主要为综合网管等系统提供同步网网管数据。

## （三）数据通信与网元接入

（1）数据通信。数据通信可采用企业搭建的网管公用通信平台的 DCN，也可搭建本网管系统专用的通信平台。前者的优点是节省费用、工期较短，缺点是与其他系统共用时带宽无法保证，且故障处理须依靠数据部门；后者的优点是独享网络、带宽充足、故障处理由本部门负责，缺点是建设费用较高。运营商应根据实际需要，选择适宜的数据通信方案。

（2）网元接入。可根据网元设备提供的接口选择合适的接入方案：提供以太网接口的网元可直接接入数据通信平台，只提供 RS232 串口的网元需设置 RS232- 以太网接口协议转换器，一个节点存在多台 RS232 串口网元时只需配置一台多端口 RS232- 以太网接口协议转换器。由于网元接入点多而分散，且维护力量薄弱，因此须选择高稳定、可靠的协议转换器。另外，考虑到网元的 RS232 串口数量有时会出现不够用的情况，故要求 RS232- 以太网接口协议转换器能将一个 RS232 串口模拟成可支持多个 RS232 连接或 TCP 连接。

## （四）完善的网管功能

第三代监控系统应具备完善的网管功能，除故障、性能、配置、安全、系统维护等基本功能外，还应具备以下功能。

（1）网络层功能。第三代监控系统除具备传统的网元层功能外，还应提供强大的网络层功能（主要是静态和动态网络拓扑功能）。由于动态网络拓扑功能可以实时地预警定时环路的形成，因此，对于目前采用的 SDH 传送定时信号方式有着特别重要的意义。

（2）智能化特点。同步网是个小而专的支撑网络，多数维护人员对其比较陌生。较高智能化水平的监控系统，有助于维护人员进一步维护好网络。告警专家知识库和属性在线解释等是监控系统必备的智能化功能，其中，告警专家知识库存储的专家对故障的处理经验，可提供各类故障产生的原因、解决的方法与步骤，同时还能将维护人员对故障处理的理解存入该数据库；属性在线解释提供的对板卡、输入 / 输出端口的属性解释，有利于维护人员对各属性的理解和设置参数。

（3）对各类网元提供高效统一的快速接入方案。同步网网元设备种类较多，如果对每一种设备类型都进行接口开发，不仅开发时间长，维护也很困难。由于进入我国市场的各类网元必须提供 TL1 接口，而各类网元的 TL1 接口又有相似的地方，因此可总结其共同点和不同点，开发出统一的TL1解析平台（TL1解析程序+TL1脚本+数据库存储过程），以快速地将各类网元设备接入监控系统。

（4）提供全系统的时间同步方案。监控系统由监控计算机及各类网元等设备构成。如果各个设备的时间不同步，将会影响性能及告警数据的时间准确性，进而影响到在这些数据基础上所做的数据统计分析结果。一般可采用NTP协议方式实现监控系统各设备的时间同步（同步精度为500ms）。

（5）提供标准、规范及高效的第三方网管接口。目前，各运营商均在建设综合网管。综合网管不直接从网元设备获取数据，而是从各专业网管处获取，这就需要各专业网管能提供标准、规范及高效的对外数据接口。

# 第四章 煤矿信息化技术

## 第一节 煤矿信息化

### 一、企业信息化

#### （一）企业信息化概念

企业信息化是指企业结合自身业务特点，在生产、设计、经营、管理、决策等方面，充分利用计算机、网络等信息技术，开发、利用企业内外信息资源，实现企业信息流的有效集成和管理，以达到优化企业资源、提高管理效率的过程。

企业信息化具有以下特点：

（1）企业信息化的基础是企业业务管理和运行模式，而不是信息技术本身。信息技术仅仅是实现企业信息化的基本手段。

（2）企业信息化的关键是在正确的时间将正确的信息以适当的方式传递给正确的人，以实现企业信息集成和共享，为企业日常运作、业务管理和经营决策提供信息支持。

（3）企业信息化不仅仅是一种技术的革新，更是企业观念的转变。企业信息化涉及企业人员的理念变更、经营手段的变化等。

（4）企业信息化是一个复杂过程，主要包括信息化规划、信息化咨询、方案设计、系统选型、人才培养等多个任务。

#### （二）企业信息化原则

企业信息化是一个系统工程，其正确实施需要遵循一定的原则。

（1）总体规划

企业信息化是一项庞大的工程，需要逐渐推进、不断完善。企业信息化要同企业的战略利益相结合，综合考虑企业的目前现状和未来发展。企业信息化要充分地考虑信息技术的发展。因此，企业信息化要坚持总体规划。

（2）分步实施

企业信息化涉及的任务繁重，内容众多，要对不同的信息化项目分步骤实施。优先考虑解决企业管理方面的难点，将重点放在系统化、全面化的管理信息系统的开发。以核心业务为起点，逐步扩展到企业其他业务活动，最终实现企业全面信息化。

（3）标准先行

企业实施多个信息化项目之后，往往会出现信息异构，影响信息的共享和重用。管理流程规范化和标准化，制定编码标准，可以有效防止信息异构，实现信息共享，避免出现信息孤岛。

（4）企业业务为本

企业信息化不是信息技术在企业中的简单应用，也不是手工作业的简单计算机化，而是信息化条件下的企业业务流程再造。运用信息的根本目的是促进企业发展，提高经济效益。因此，企业信息化应以企业业务活动为根本，脱离了企业业务开展信息化建设必然会导致失败。

## （三）企业信息化难点

企业信息化不仅是技术的革新，更是整个企业管理机制、管理理念的革新。企业信息化的难点不在于信息技术本身，而在于以下几点：

（1）观念转变

企业信息化首先是人的信息化，只有企业领导、员工树立了信息化理念，企业信息化才能成功。目前，企业不是需不需要信息化，而是需要什么样的信息化。观念转变是企业信息化成功的基础。

（2）管理更新

企业信息化不是手工作业的简单计算机化，而是涉及管理理念、管理思想的更新，涉及管理流程的重组和革新。没有管理的更新，必然导致信息化的失败。

（3）企业定制

由于每个企业都具有自身不同的发展阶段和现状，对信息化具有不同的需求，企业业务过程也呈现出不同的差异。因此，在软件市场上很难找到适合自己企业信息化的软件。企业信息化往往需要根据企业自身的特点，量身定制。

# 二、煤矿企业信息化

## （一）煤矿企业特点

相对于其他行业而言，煤矿企业具有以下特点：

（1）开采条件复杂，技术方式多样 煤矿企业开采条件复杂，主要包括井田规模、煤层形态、煤层倾角、煤层厚度、地形条件等，同时还受到断层、褶皱、岩浆侵入、煤层厚度变化等的影响。技术方式多样，主要包括技术方法（回采方法、掘进方法、通风方式等）、布置方式与流程（生产布局、巷道布置等）、技术参数（采面几何尺寸、井巷规格等）和系统参数（采掘比、生产能力等）。因此，选择适宜的采煤技术、工艺和采煤设备的难度较大。

（2）生产环境恶劣

井下瓦斯突出和爆炸以及煤尘爆炸等时常发生。煤矿井下环境潮湿，会对信息设备产生腐蚀等影响。

（3）生产计划性差

由于煤田地质条件的复杂性和不确定性，煤矿生产过程中不可控的因素较多，导致生产计划的不准确和材料消耗的随机性。煤矿企业生产环节较多，所需原材料品种较多，且原材料与产成品之间没有严格的数量对应关系，故难以对物料需求进行准确预测。

（4）管理难度大

目前，煤矿企业人员素质参差不齐，岗位定额难以制定，绩效难以考核；成本定额指标难以获取，成本控制力度不大。

## （二）煤矿企业信息化特点

根据煤矿企业生产经营特点和要求，煤矿信息化具有以下特点：

（1）安全性和可靠性要求高

煤矿企业生产过程具有事故较多、风险较大的特点，在其生产过程中，任何环节发生故障都可能造成严重后果。因此，煤矿企业信息化首先必须确保信息系统或设备的安全性和可靠性。

（2）信息种类众多，信息处理困难

煤矿企业生产过程复杂，存在多种辅助生产系统。这些系统信息源多、信息形态多样、信息关系复杂，需要对大量复杂信息进行综合处理。煤矿井下作业范围广，控制系统复杂，井下生产过程产生了大量信息，如采煤机械和通风设备等的运行状况信息、工作面推进揭露的地测信息、井下瓦斯和煤尘实时变化信息、井下工作人员的活动信息、井下机电和安全预防设备的运转信息等。由于煤矿生产的特殊性，这些信息的获取、传输、处理、显示均具有很大的难度。

（3）移动设备多，信息变化快

井下开采、掘进、运输、监测监控等环节的设备随着生产的进行处于移动状态，要求相应的控制设备以及网络设备也随之移动，对自动化系统和网络系统的设计、系统的可靠性和开放性提出了更高的要求；同时，煤矿管理信息也需要根据市场变化和矿井生产过程产生的信息进行实时更新并提供给相关决策部门。

（4）信息孤岛严重

各监测监控子系统彼此独立，接口协议五花八门，甚至未提供接口，造成环境异构、信息异构。各系统之间难以进行信息集成与共享，在矿井内部形成了以各子系统为单元的信息孤岛。部门之间横向的信息流通不畅，信息反馈迟缓，导致各种生产管理决策滞后甚至决策失误。缺乏对生产现场采集的安全生产数据进一步分析与处理的能力。

（5）信息化基础薄弱

长期以来，煤矿行业整体经营状况不佳，经济效益较差，煤矿企业采用的多是粗放式的经营方式，科学管理基础条件差，信息化意识落后，信息化建设方面人才匮乏，这都会在一定程度上限制企业管理信息化的开展。煤矿行业多年来"统配"思想根深蒂固，缺乏相对先进的管理思想，企业管理、办公手段落后，管理标准化、规范化水平不高，对信息的收集、处理、分析、预测和控制很大程度上靠人力进行，既不及时，也难保准确，而且工作量巨大。部分单位领导管理部门对本企业信息化建设重视程度不够，无专人负责，也无具体的信息化发展规划；一些职能部门缺乏整合煤矿整体信息流系统的信心和观念，无法保证信息技术带来的对传统管理、企业机制等方面的改造；部分基层单位"等、靠、要"的思想比较严重，只要硬件设备，却不关心应用推广。

（6）缺乏适用软件和人才

缺乏适用的商业软件，企业信息化建设经常需要定制开发，信息化成本高。缺乏既懂企业管理又精通信息技术的复合型人才。

## （三）煤矿企业信息化内容

煤矿企业信息化建设最终的目的体现在煤矿企业整体经营效益上，必须涵盖煤矿企业经营管理、生产控制、设备监控等各个层面。煤矿信息化内容主要包括以下几方面：

（1）生产作业层信息化

生产作业层信息化是指构成企业基本生产的信息化系统单元，企业内部各类不同性质的生产信息系统的应用形成了企业信息化的大环境。生产作业层信息化表现为各生产矿数据库、矿实时传输系统、试验分析数据库、储运销数据管理系统等。除瓦斯监控设备外，井下生产监测监控系统，如温度、电力、压力、提升、运输等监测监控设备也囊括其中。煤矿企业的信息化管理与其他生产型企业相比增加了更多的内容，首先是生产过程的监测监控，如提升系统的监测监控，井下采煤机、掘进机的控制管理等，这些管理控制过程因为要在井下完成，所以比在地面上采集数据更为困难，信息从井下传输到地面上的技术也具有不同特点。煤矿企业信息化的主要内容包括：煤矿安全生产监测监控自动化的应用，以财务成本管理为核心的企业管理系统应用，营销信息化以及电子商务的应用。据统计，全行业多数企业安置使用了安全生产监测监控系统、运输机集控系统，有的矿井还安置了煤位、水位监测系统，井下运输信号集中闭锁系统，井下移动通信系统，人员定位系统，工业电视系统等。不少高产、高效工作面选用了嵌入式计算机系统，这些装置和系统在实现采矿自动化，实现高产、高效，确保安全生产等方面起到了非常重要的作用。

（2）经营管理层信息化

经营管理层信息化是指为经营管理层提供管理工具的信息化，表现为办公自动化、设备管理系统、人力资源管理系统、财务管理系统、物资管理系统、安全管理信息系统、科研项目管理平台、合同管理系统等。利用经营管理层信息化可以全面掌握全国、各地区、省市、行业、煤种的生产、销售、装车发运、流向、到货情况等煤矿供需信息；了解主要铁路流向、铁路限制口煤矿流量、主要煤矿港口库存情况等信息，具体指导煤矿运销工作；实现煤矿企业年度订货、月度销售、每日煤款回收等销售流程的信息化管理，使企业领导对自身产、销、运、存情况进行迅速、准确的了解，及时组织货源，调整生产经营工作；实时掌握和监控一些重点欠款用户的货款回收情况，杜绝恶性透支和拖欠煤款现象。

（3）知识库与知识共享系统

知识库与知识共享系统是指为整个企业服务的知识共享与知识管理系统。煤矿公司门户网站就是一部分知识共享的体现。

（4）战略决策层信息化

战略决策层信息化是为企业高层领导进行快速、准确决策而建立的一个系统，表现形式为针对数据仓库开展的决策层数据的挖掘应用。

## （四）煤矿企业信息化保障措施

煤矿企业信息化要取得成功，必须采取以下保障措施：

（1）加强领导

加强领导信息化意识，信息化是"一把手"工程。信息化需要投资，需要人才，没有一把手抓很难解决。在信息化组织运作过程中，不可避免地导致组织结构层次关系、部门功能角色的设置、角色职责的变动，这些往往涉及权力、利益、价值观的调整，这是传统社会向信息化社会演进过程中必然发生的现象。各级领导都要对信息化工作给予高度重视。

（2）做好信息化发展规划

信息化建设是一个复杂曲折的过程，要目标明确，路径清晰，切实解决实际需求。在制定总体规划时，要真正实现企业内外信息流动、共享和应用，必须把总体规划作为主要内容。

（3）加大投资力度

目前，煤矿行业很多企业没有将信息化建设费用列入预算，反映出信息化的投入严重不足，这是煤矿行业信息化建设滞后的主要问题之一。根据国外和国内其他行业的经验，各企事业单位依据自己的实际情况应拿出营业收入的 0.5%~1% 作为信息化投入，并列入年度预算。

（4）大力培养人才

稳定队伍、设立机构、抓好培训。在企业设立信息机构的同时，要保持队伍的稳定，加强人员培养。各企业应加强信息化的培训工作，组织各种培训活动，使单位的行政管理人员较好地掌握信息技术。信息化的人员培训经费应由职工培训费中列支。由于前些年煤矿行业的困境，煤矿行业专业人才流失严重，特别是信息人才，要站在战略的高度，认真做好信息人才的培养引进，培养既懂技术又懂业务的复合型人才。

# 第二节 煤矿企业信息化规划

## 一、信息化规划概念

企业信息化规划是指在企业发展战略目标的指导下，在理解企业发展战略目标与业务规划的基础上，诊断、分析、评估企业管理和 IT 现状，优化企业业务流程，结合所属行业信息化方面的实践经验和对最新信息技术发展趋势的掌握，提出企业信息化建设的远景、目标和战略，制定企业信息化的系统架构，确定信息系统各部分的逻辑关系，以及具体信息系统的架构设计、选型和实施策略，对信息化目标和内容进行整体规划，全面系统地指导企业信息化的进程，协调发展地进行企业信息技术的应用，及时地满足企业发展的需要；以及有效、充分地利用企业的资源，以促进企业战略目标的实现，满足企业可持续发展的需求。

## 二、信息化规划原则

信息化规划要遵守以下原则：

（1）以企业发展规划和战略目标为基础

企业信息化规划要根据煤矿企业发展规划和战略目标，紧密联系企业实际情况，围绕企业的生产、营销、采购、质量、成本、人才、财务等业务建设集成的管理信息系统，指导各单位充分地利用信息技术，加快企业以信息化带动工业化的进程，合理、优化地安排企业信息化有关的科研项目。

（2）整体性原则

企业信息化不只是企业现有业务的计算机化，还应在充分考虑企业发展、充分利用先进技术优化企业流程的基础上，从整体上对企业信息化进行规划。

（3）集成原则

企业信息化覆盖了企业所有经营活动的信息处理，企业信息化建设不能孤立地建立业务信息系统，应统一考虑。重点实现不同部门、不同系统之间的信息集成和操作，同时实现信息采集、处理、适用过程的集成。

## 三、信息化规划步骤

信息化规划主要包括以下步骤：

（1）形势分析

明确企业发展目标，确定各关键部门的发展目标。分析煤矿行业发展现状、发展特点；

分析信息技术发展现状、发展特点和发展方向；了解竞争对手对信息技术的应用情况；掌握企业信息化现状和信息资源、人力资源等状况。

（2）制定战略

根据形势分析、制定信息化指导纲领。根据企业战略发展规划，确定企业信息化的远景目标、企业信息化的发展方向和企业信息化在企业战略中的作用。

（3）设计信息化总体架构

以层次化的结构设计企业信息化的各个领域，每一层次由许多功能模块组成，每一功能模块又可以分成更细的层次。

（4）制定信息技术标准

信息技术标准是对信息化总体架构的技术支持。通过选择或制定标准，可以使企业信息化具有良好的兼容性和扩展性。

（5）项目分解和管理

对信息化总体架构中的各功能模块以及相应的各项企业信息化任务进行评估计划，将其分解成为相互关联、相互支撑的若干项目。明确每个项目的功能、预算、时间等。针对每个项目，根据其重要程度和企业财务情况作出优先安排或取舍。

## 四、信息化规划实施保障

企业信息化规划涉及的内容多，技术难度大，规划的实施是一个庞大的系统工程。为了确保规划保质、保量、按时和顺利地进行，企业可以采取以下保障措施：

（1）组织保证

建立企业信息化领导小组，成立信息化办公室。信息化建设机构分为三个层次，即领导决策层、企业信息化组织协调及技术支持层、实施执行层三个层次。

①企业信息化领导小组。企业信息化领导小组为领导决策层，从全局上权衡、协调、审定、决策以及组织企业信息化实施；保障实施企业信息化系统所需的人力和物力；为整个企业实施企业信息化创造良好的氛围。

②企业首席信息主管。代表企业信息化领导小组行使指挥权。负责企业信息化建设中、长期规划的编制；负责公司信息化建设重大工程项目实施方案的论证；负责公司信息化建设硬、软件系统的配置及资金的投入；负责各类信息、渠道的梳理以及信息化人员的管理与奖惩等。

③企业信息化办公室。企业信息化建设几乎会牵涉到企业的各个职能部门，必然会碰到各种各样的棘手问题，而企业高层领导又不可能对企业信息化的实施管到事无巨细，因此，就需要有一个组织协调小组来负责这部分的工作。

④专家组。企业信息化建设是一项复杂的系统工程，涉及计算机技术、网络技术、工程技术以及符合现代企业管理要求的企业管理技术。企业信息化建设专家组除了企业内部

专家外，还需要外聘社会专家、IT 专家与经营管理专家共同组成。

⑤企业信息化实施小组。企业信息化实施小组是项目执行层，按照企业信息化的几大应用分为多个实施执行小组，组长由主要业务部门的主要领导担任。每个实施执行小组中根据公司信息化的总体规划和进程，将具体分为多个项目组。项目组是实施执行小组的执行单元，由项目负责人直接领导，由相应的专家和公司业务人员组成。项目组是企业信息化建设的直接参与者和中坚力量，项目负责人是企业信息化建设的重要人物，应该选拔德才兼备、威望高、既懂工程技术和经营管理、同时又懂计算机知识的人员担任。

（2）制度保证

①企业管理措施保障。企业信息化的实施势必对企业固有的经营思想和管理模式进行深层次地变革和改造，使企业逐渐走向一个真正的现代企业管理模式。企业领导应深刻明白这一点，坚持应用企业信息化的思想，加快企业改革步伐，同时采取强制措施清除影响企业发展的障碍，为企业信息化的顺利实施创造一个良好的氛围。

②建立信息化项目管理制度。企业信息化目前存在的许多问题很大程度上是由企业信息化建设项目的预算、审核、管理、监控和考核制度不科学或不能严格执行所造成的。企业信息化建设首先应制定和规范企业信息化项目的认证流程、评审制度、实施模式等保障制度。

③建立人才培养、激励制度。在企业稳定一批既懂企业又懂 IT 的中坚技术力量，这将是企业的一笔财富。企业应通过各种渠道坚持开展各种层次和类型的系统培训，同时制定相应的激励机制和管理机制，逐步建立和稳定一批高素质的、结构优化的信息化建设队伍。

（3）资金保证

企业信息化是一项投资较大的工程，企业信息化的资金保障是最重要的保障。

（4）技术保证

①寻求 IT 战略伙伴。鉴于企业信息化建设的复杂性、艰巨性以及我国煤矿企业普遍存在的信息化人才严重缺乏的状态，吸取以往其他煤矿企业信息化建设过程中的教训。例如，许多应用系统分别找不同的合作伙伴分散开发，整个煤矿集团公司缺乏一个统一的控制和协调机制，从而造成了许多问题。因此，企业信息化建设应选择一至两个长期的 IT 战略合作伙伴。

②全员培训。针对各个应用系统，由项目实施小组与相关厂商编制相应的面向不同使用者的培训计划，并负责培训，其中包括面向全体使用人员的使用培训、面向技术人员的维护培训、面向领导的管理培训等。

# 第三节　煤矿信息化平台

## 一、煤矿信息化平台的概念及特点

### （一）煤旷信息化平台概述

煤矿信息化平台就是将数据通信网络应用于煤矿生产这种复杂的工业环境中，用以实现矿井安全生产管理与控制过程的全面一体化及煤矿生产和管理信息的互联互通与资源共享，全面提高生产、管理的决策科学化水平，使煤炭企业的效益和管理理念得到提升。

在矿井安全生产管理与控制过程的全面一体化方面：通过煤矿信息化平台采集井上和井下各主要环节设备的安全监测数据和工业电视图像，将采集到的数据和图像连接到各种监测系统，实现全矿井生产各环节的过程控制自动化、生产综合调度指挥和业务运转网络化，确保对全矿井安全状况和生产过程进行实时监测、控制和调度管理，实现减员增效、降低成本，提高矿井整体生产水平。

在煤矿生产和管理信息的互联互通与资源共享方面：煤矿信息化平台上主要运行包括生产调度管理应用系统和办公管理应用系统。生产调度管理系统以煤矿生产调度信息为主线，集成与生产相关的数据库、实时数据、图文、表格等信息，进行有机整合、实时分析和追溯，为生产调度管理和过程管控服务。办公管理应用系统主要包括企业门户网站、办公自动化系统、财务管理系统、人力资源管理系统、物资设备管理系统、煤炭运销管理系统、专家决策指挥系统等，这些应用系统将煤矿实际的生产、管理、经营活动数据进行精密管理和深加工，为领导层在提高管理效率和决策方面提供科学依据。

#### 1. 煤矿信息化的发展历程

煤矿信息化的发展和行业的总体发展战略是融为一体的，我国煤矿信息化的发展可以追溯到 20 世纪 60 年代，在当时煤炭工业部的组织下开展了我国煤炭行业装备现代化的研究，由于受技术和器件限制，只能用庞大继电器实现简单开停和闭锁控制，简易的煤矿自动化设备和防爆磁电电话机是仅有的信息化设备。20 世纪 80 年代，随着电子技术的发展，国内开发了覆盖全矿井的矿用模拟程控调度通信系统，单片机也成为自动化控制系统的核心控制单元，大幅度地提高了煤矿自动化控制系统的安全性和可靠性，在此基础上各类煤矿专用监测控制系统和智能传感器及执行器也被迅速地研发出来。可以说从这时开始，基于安全监测和装备自动化的煤矿信息化才真正进入实用阶段。20 世纪 90 年代数字程控调度通信系统井下装机容量可达数百门，已基本能满足各种煤矿矿井调度通信的主要需求，专用监控系统之间尽管无法实现信息交换，但基本实现了监测监控的功能。21 世纪初，随着以工业以太网为代表的信息网络技术的崛起，用高速信息网络来传输煤矿各专用监控系统之间的信息变成现实，各专用监控系统内部之间的信息传输也逐渐被总线传输方式所代替，为煤矿各专用监控子系统的集成及过程实时监控提供了可能，矿井 IP 调度通信系统和矿井移动通信技术开始不断研究探索，煤矿信息化系统的水平跃上了一个新台阶。

现今，煤矿信息化的主要成就体现在以下三个方面：其一是装备现代化，大量自动化、精密化、数字化的大型技术装备的应用，提高了生产的准确度、安全和效率；其二是系统自动化，应用电子信息技术在煤矿生产的采、掘、机、运、通、安全监测、地面洗选等各作业系统建立了自动化子系统，且近年来综合自动化集成方面也有普遍应用，实现了生产过程自动化；其三是管理信息化，除了大力发展自动化技术应用外，在管理信息方面，各企业应用了 ERP、生产指挥调度系统、地测信息系统、办公自动化系统等应用系统，其中 ERP 系统包括物资、财务、人力、销售、工程、技术等主要业务方面，成为煤炭工业企业运转的信息平台。

面向国民经济建设主战场，围绕煤炭行业信息化的发展要求，将信息化技术与设计、生产、管理、安全相结合，整合资源，以信息技术支撑新兴的煤炭工业，深入广泛地开展煤炭行业信息化技术的推广应用，用高新技术改造传统煤炭产业，提高煤炭企业的核心竞争力，提升煤炭行业的整体竞争力，是煤炭行业走信息化道路长期且又艰巨的任务。

**2. 煤矿信息化建设的目标**

根据行业特点、煤炭企业自身特点和战略发展需求，煤矿信息化建设的总体目标可归纳为：采用先进的信息技术，构建功能强大、运行稳定的信息基础设施，开发支撑业务单元和资源有效协同运作的信息应用系统，实现企业的价值链优化、管控一体化、资源集约经营，为实现企业的发展战略提供信息技术支持。在总体目标下，煤炭企业集团信息化建设的愿景为"数字企业"，矿井建设的愿景为"数字矿井"。

现实建设目标最终表现为煤矿的高度信息化、自动化以及高效率、高安全和高效益。信息化建设的基本内容包括以下三方面：

一是以矿井安全生产和管理各环节为核心，实现管理自动化。指先进采煤技术、采煤工艺、自动控制设备等的应用所带来的效率和可靠性的提高，在矿井生产和管理的全过程，全面实现自动化控制与管理。比如，在"采煤"环节实现高度采掘机械化、工作面生产自动化控制和地面集中监测；在"运输、原煤加工及装车外运"环节实现地面集中信息采集和控制；在"通风、供排水、供电"环节实现井下实时监测、地面自动化控制，进而达到对矿井的所有关键运行设备实施实时监测和控制，保障设备安全、高效运行。

二是以企业管理和办公自动化为重点，实现管理信息化。指运用现代信息技术和先进的管理理念，建立基于 ERP 的管理信息化系统，对企业的管理过程进行全方位的改造和重塑，将企业的生产计划、过程控制、生产调度、财务管理、安全监察、设备安全管理、设备综合管理、物资管理、运销管理、人力资源管理及客户关系管理等集成化，可供随时查询和读取，实现网络化和信息化管理。

三是以数据库高度集成和共享为支撑，实现管控一体化。指采用先进的系统集成技术，通过建立生产自动化实时数据库、关系数据库、Web 数据库、生产状态数据库、设备运行状态数据库等，为生产调度、管理提供实时、精确的数据查询，从而保证生产调度的及时性和准确性，减少和避免重大故障的发生。与此同时，通过管控一体化的运行和信息的高度共享，建立起完善的企业信息门户，为企业决策者、相关部门和合作伙伴提供信息。

### 3. 煤矿信息化建设的意义

（1）煤矿信息化是煤炭企业提高安全生产效率的必然选择。我国大部分煤矿信息技术都是采用传统的生产安全信息调度系统，其前身是在计划经济体制下建立的煤炭工业信息通信体系。在市场经济体制下，这种传统的生产安全调度系统的局限性日益凸显，例如：安全隐患和事故灾害瞒报谎报现象突出、现有的安全生产调度指挥体系不能够满足煤矿安全监管的需求、安全信息公布制度不健全等，不利于发挥公众舆论的第三方监督作用等。纵观发达工业国家煤矿生产管理经验，信息化管理在煤矿安全生产中发挥着十分重要的作用。因此，推进煤炭企业信息化建设，加强煤矿信息管理，提高安全信息质量，进而预防煤矿事故的发生，是我国煤矿生产安全管理工作的必然选择。

（2）煤矿信息化是煤炭企业变革落后管理方式，提升管理水平的迫切需要。一直以来，我国煤炭企业"重投入、轻管理"、生产方式落后、管理效率低下、信息化程度不高；企业内部的组织结构分工繁杂，部门众多，机构重叠，职能部门间缺乏整体协调性。虽然近年来有所改观，但仍然暴露出煤矿安全事故频发、管理效率低下、内耗现象严重等突出问题，严重制约了煤炭企业乃至整个煤炭行业的发展。加强煤炭行业信息化建设已是大势所趋。

（3）煤矿信息化是煤炭企业提升竞争力的根本途径。信息时代的企业竞争，是信息和速度的竞争。谁能在第一时间里迅速得到企业所需的信息，谁就能在市场竞争中取得主动地位。煤炭企业只有充分地利用信息化的便利条件，消除经营管理工作中的不利因素，实现资金流、物资流和工作流的有效整合，不断提高企业管理的效率和水平，进而提高企业经济效益和核心竞争能力，才能够在国内外市场中取得竞争优势。

（4）煤矿信息化是煤炭企业实现新型工业化的必由之路。煤炭工业基础相对薄弱，且环境污染较大、资源浪费较为严重、人力资源条件差。"以信息产业改造传统产业"，煤炭企业将"首当其冲"。因而，紧跟时代步伐，用信息产业改造煤炭企业，建设数字化矿井，促进产业结构的优化和升级，是煤炭企业向新型工业化道路迈进的必由之路。

## （二）煤矿信息化平台的总体架构

煤矿信息化平台其建设内容包括信息采集层、信息集成层和信息管理层。

### 1. 信息采集层

信息采集层是煤矿信息化平台的最底层，采用智能化的标准接口，将数据源传感器和采集设备直接连接到煤矿井上和井下的控制器上，完成井上和井下各种现场生产数据的采集、处理、存储和控制，并把现场监测到的信息及时准确地传送到上一级设备和调度中心，为安全生产提供分析与评价的依据。

信息采集层包括井下和井上数据采集系统两部分，井下数据采集系统完成井下安全监测数据（瓦斯）、通防监测数据（束管、瓦斯源、通风、压风数据等）、井下人员定位数据、综采工作面设备监测数据、矿压监测数据与水文监测数据等的监测，并对井下的各种运行设备进行控制；井上数据采集系统完成煤矿生产综合自动化数据、地面和井下供电数据的检测与控制，其中煤矿生产综合自动化数据包括主运输系统数据采集与控制、主副井提升数据采集与控制、主排水数据采集与控制、输配电数据采集与控制（地面变电站、中央变电所、采区变电所）、水处理数据采集与控制（矿井水处理监控、生活水处理监控）、地面生产数据采集与控制（选煤厂、装车系统、地面运输、称重系统、供热站监控、锅炉房监控）、工业电视视频信息等。

## 2. 信息集成层

信息集成层把煤矿安全生产、经营、管理业务流程等相互关联的信息和信息系统通过数据网络技术将各个分离的设备、功能和信息等集成到相互关联的、统一和协调的系统之中，使资源达到充分共享，实现集中、高效、便利的管理。

系统集成采用功能集成、网络集成、软件界面集成等多种集成技术，解决系统之间的互联和互操作性问题，它是一个多厂商、多协议和面向各种应用的体系结构。解决各类设备、子系统间的接口、协议、系统平台、应用软件等与子系统、组织管理和人员配备相关的一切面向集成的问题。信息集成层主要包括以下五个内容：

（1）硬件集成。使用网络和硬件设备将煤矿生产和管理各个子系统连接起来，形成煤矿信息平台的数据网络等。

（2）软件集成。软件集成要解决的问题是各个生产和应用管理系统中不同数据类型的异构软件的相互接口，以确保信息的实时性和准确性。

（3）数据和信息集成。数据和信息集成建立在硬件集成和软件集成之上，是系统集成的核心，通过数据和信息集成合理规划煤炭企业的海量实时监测监控数据和信息，减少数据冗余，从而更有效地实现信息共享，确保数据和信息的安全保密。

（4）技术与管理集成。使生产管理、行政管理、运销等部门协调一致地工作，做到运销、安全生产和管理的高效运转，是信息集成层的重要内容。

（5）人与组织机构集成。信息集成的最高境界，提高煤矿各个环节中每个人和每个组织机构的工作效率，全面促进煤炭企业生产和管理效率的提升。

信息集成层能够最大限度地提高煤矿信息化平台的有机构成以及各子系统的效率、完整性、灵活性等，简化系统的复杂性，确保信息的实时性和准确性。

### 3. 信息管理层

信息管理层是煤炭企业采用以太网（Ethernet），通过 TCP/IP 协议，将可编程控制器、网关、人机接口和控制软件连接至企业的信息系统。信息管理层主要包括信息共享平台、网络管理系统、应用管理信息系统等。

（1）信息共享平台。为了整合并优化煤矿企业信息资源，提升工作效率，实现各业务系统信息的共享，充分利用已有数据进行安全生产与经营管理业务的综合分析而建立的一个统一的信息集成平台。该平台集成各个业务系统产生的数据、信息和流程，为企业信息交流提供支持。与此同时，建立集中的数据资源库，利用相应的工具对这些数据进行综合统计、分析，为管理层提供企业经营运行分析及绩效考核的依据。

（2）网络管理系统。其目的是提供一种对煤矿信息化平台进行规划、设计、操作运行、管理、监控、分析等的手段，充分利用资源、提供可靠的服务。

（3）应用管理信息系统是煤炭企业管理调度与应急指挥信息管理的基础，同时也是煤炭企业实现安全生产管理、调度、监测、应急指挥的重点。煤炭企业的管理信息系统建设在利用和改进现有技术产品的基础上，实现实时数据库平台上的统计处理、实时发布等各项功能。

## （三）煤矿信息化平台建设内容和目的

煤矿信息化平台是将集团、各下属煤矿及营销公司的信息资源整合，实现全集团信息化管理，下属各单位远程管理，以及与上级单位的安全、生产信息互通。主要建设内容包括煤矿企业数据通信网、安全生产信息网络、数据中心、传输网络、调度通信网络、大屏幕系统、会议电视系统、网络管理系统及应用管理信息系统等。

煤矿信息化平台建设的终极目标是实现数字矿山，全面推进煤矿生产管理和应急指挥调度的智能化，促进煤炭的跨越式发展。

（1）建成覆盖整个集团并上连上级部门的高速而安全的煤炭企业广域网络，支持安全生产管理和经营信息的畅通流转，为企业文化建设提供现代化网络载体与可视化平台。

（2）在各个生产加工业务领域全面实现生产自动化。依托智能自动化技术和先进的宽带信息技术，实现全矿井生产过程集中监控、调度计算机网络化、信息管理决策网络化，以全面提升矿井自动化水平，最终实现建立高产、高效的数字化矿山的目标。

（3）进一步提高对煤炭企业信息化的认知程度、完善信息化组织机构、强化信息化培训工作、建立主要业务编码体系、梳理并优化主要业务工作流程、制定并不断地完善信息化工作的相关规章制度、建立描述煤炭企业核心资源的基础数据库群。

（4）形成纵向贯通、横向整合、信息共享的煤炭企业集团级信息应用系统，对集团的各类业务实行数字化精细描述、信息化精准管理、科学化精确调度、流程化精益操作。

（5）建立煤炭企业数据中心，为数据挖掘、辅助决策支持系统的建立和应用提供支持，充分体现企业所积累的生产、管理、经营类信息的长效价值，实现从数据到信息、从信息到知识的演化与升华。

# 二、煤矿数据交换平台

煤矿信息化平台的核心是数据交换平台，由网络基础设施及运行在其上的系统软件组成。无论是工业以太网还是办公局域网都采用网络结构分层的设计思想，核心层网络用于连接服务器集群、各建筑物子网交换路由器，以及与城域网连接的出口；汇聚层网络用于将分布在不同位置的子网连接到核心层网络，实现路由汇聚的功能；接入层网络用于将终端用户计算机接入到网络之中。

## （一）煤旷信息业务分类

煤矿信息化平台业务所需的数据种类繁多，主要包括数据、图像、视频等多媒体信息的传输、处理、管理和调度，以及保证网络正常运行的各种网络协议和网络安全及管理的各种业务。信息业务主要可分为以下几种：

（1）共享资源信息：煤炭企业各种公共数据库的查询、信息浏览、E-mail 传送等。

（2）行政管理业务信息：煤炭企业公文、新闻、人事、计划、财务、会议安排等各业务部门资源信息。

（3）数据库信息：如煤矿安全生产监控各种数据信息、物资运销管理信息、应急救援管理数据等。

（4）视频资料：利用点播、组播及广播技术传送煤炭企业的媒体新闻、重大会议直播或录像、历史资料等。

（5）会议电视：煤炭企业信息中心到下属单位和上级管理部门的会议电视系统及主要领导的个人桌面会议系统。

（6）工业视频：煤矿矿井上下的生产现场工业视频及各地区监控中心的监控视频。

（7）网络管理信息：煤矿信息化平台中网络管理信息的采集和传输、网络性能监控、远程系统操作等。

（8）协议信息：煤矿信息化平台中数据通信协议信息包括路径搜索、路由计算、例行网络拓扑结构查询等。

（9）系统备份和故障恢复备份信息：主要包括对重要的网络管理服务器、数据库服务器等存放实时信息的节点进行数据备份以及故障排除后的恢复备份。

（10）其他信息：在煤矿信息化平台网络内进行各种分布式信息处理时增加的不可预见的信息传输开销等。

## （二）煤矿数据网络平台

### 1. 数据网络的主干网

数据网络的主干网主要有两种先进的建设模式：一种是三层数据网络架构，另一种是大二层扁平化数据网络结构，这里主要介绍三层数据网络架构。

三层数据网络架构是目前局域网、城域网中主要使用的模式，这种模式网络结构清晰，各单位可以自己组网，互联后又可以形成一个大的局域网。这种方式对上网用户的管理可有多级设置，灵活方便；对组网链路也可灵活的选择。大二层扁平化数据网络是电信运营商的模式构建的一种局域网建设方案，这种方式可以实现用户之间（业务之间）的有效隔离，避免相互之间的干扰和影响；结合认证系统可以实现对用户的各种信息的识别和记录，可实现基于用户身份的行为控制，实现完善的流量识别和控制能力，保障重要应用系统的网络承载，对于开展云计算等新业务具有良好的支撑作用。

### 2. 三层数据网络架构的构成

煤矿数据网络平台采用三层数据网络架构。信息平台数据网络分为核心层、汇聚层及接入层。虽然网络的结构可以采用星型网、环形网等多种形式，但根据煤矿企业的网络规模、业务规模以及建网条件，从经济性、实用性考虑，网络整体采用三级星型网络结构。公司总部数据调度监控中心网络为网络核心层，下属煤矿各生产矿井及分公司网络为网络二级节点。为了保证整个网络的安全可靠以及便于整个网络的运行管理，煤矿数据网络平台设置统一的网络数据出口。煤矿数据网络平台所有的数据网络用户均通过设置在公司总部的网络接口接入互联网。在提供网络接入的边界路由器与当地的 ISP 之间设置防火墙以保证整个数据网的安全可靠性。

所有的对外提供服务的服务器以及为整个煤矿数据网络平台提供服务的服务器均直接连接在数据网的核心交换机上以提高访问速度。对于各个生产单位的局域网，井下的工业生产监控网络接入本地的局域网，同时提供远程用户的井下生产监控数据的访问。

煤炭企业集团调度指挥中心放置一台核心交换机构成网络核心层，二级单位放置汇聚层交换机构成网络汇聚层，三级单位放置接入层交换机构成网络接入层。

### 3. 三层网络架构的特点

三层数据网络架构具有以下特点：

（1）层次结构清晰，功能划分明确。三层架构是目前局域网中普遍采用的架构方式，核心层是整个网络交换处理的核心，负责数据的高速转发以及全网集中策略的应用和处理。汇聚层负责各个单位内部数据的处理及交换以及提供与核心交换机之间的数据通信。接入层提供用户接入，实现对用户在接入时的控制，保证用户合理的使用网络资源。

（2）便于本地化管理。各单位可以独立建立自己的局域网，建立自己的网络资源，且不受网络整体架构的限制。

（3）组网技术应用灵活方便。可以根据需要灵活地选择路由方式或交换方式。

## （三）煤矿数据中心

煤矿企业数据中心主要由交换机、服务器和存储系统构成，数据中心网络交换系统为数据中心各类应用服务器与企业局域网提供高速、安全、可靠的连接。

### 1. 交换机

数据中心的两台（一主一备）交换机采用冗余配置构成数据中心的核心网络，通过防火墙与办公网络进行连接。

### 2. 服务器

煤炭企业对外提供的服务有 Web 服务、E-mail 服务等，此外还有防杀病毒服务器，服务器连接到出口防火墙的 DMZ 区，对外提供相应的服务功能。由于刀片服务器具有良好的扩展性，与云平台中服务器虚拟化技术有很好的融合，因此，煤炭企业数据中心数据库服务器及专用服务器通常采用刀片服务器构建。主要承载 0A、档案、物资、绿营计划和信息集成平台等企业的核心业务，每个业务采用一主一备方式，以保障生产运营业务的稳定运行。

### 3. 存储系统

根据煤炭企业数据中心业务特点，存储系统采用集中存储方案，存储网络实现数据集中管理与共享，是企业信息化数据的存储核心，在关注性能的同时重点关注数据备份和恢复系统。存储层提供高可靠、高性能、可扩展的智能存储设备，用于存储数据信息，提供存储资源分区功能，尤其是缓存分区功能，以提高缓存命中率，确保应用的服务质量。为了保证整个数据中心数据存储、读取的安全可靠，数据存储部分均采用冗余配置。

## （四）数据共享交换平台

### 1. 建设数据共享交换平台的意义

随着煤矿信息化建设的不断深入，已建成的应用系统和将要建设的应用系统不断增多。由于各应用系统的开发和使用是针对一定的业务范围独立进行的，因此，各系统之间相对独立，矿井生产、安全信息（瓦斯、通风、顶板压力等）、运销、财务、综合自动化监测监控等企业关键数据都分布、异构在多个业务应用系统之中，企业高层或者经营管理人员想了解相关信息，必须进入到各个业务系统中，且只能逐个查看子业务系统的信息，无法对各业务系统产生的数据进行综合分析。

为了整合并优化资源，提升工作效率，实现各业务系统信息的共享，充分利用已有数据进行业务的综合分析，必须建立一个统一的信息集成平台，集成各个业务系统产生的数据、信息和流程，建立企业级信息交流支持平台；同时建立集中的数据资源库，并利用相应的工具对这些数据进行综合统计、分析，为管理层提供企业经营运行分析及绩效考核的依据。

数据共享交换平台的建设除了需要满足通常交换平台的接入、传输功能外，同时还需具备强大的资源管理能力、便捷的节点接入能力、大开发处理能力、数据交换的监控管理能力等。

### 2. 数据共享交换平台的总体架构

数据共享交换平台的总体框架：煤炭企业机构向调度中心的数据汇聚（汇总）、调度中心向企业内部机构的数据分发、企业内部机构之间数据点对点的数据交换、中心交换数据库、经过比对清洗后形成的中心数据库、交换监控、交换管理。

数据共享交换平台。由一个中心服务器、多个节点工作站服务器和运行在节点服务器上的适配器构成。中心服务器提供包括应用服务组合、组件开发环境、统一部署、监控管理、安全管理等平台公共应用支撑服务。节点工作站服务器分别部署于各节点，构成分布式的服务组件运行环境，并提供事件管理功能，如可靠事件的传输管理机制等。中心服务器运行于覆盖企业的专用信息平台；节点服务器可以运行于企业专网平台或者二级单位内网，进而组成一个网状拓扑结构的应用互联网络。

### 3. 中心服务器

中心服务器是数据共享交换平台的信息控制中枢，主要用于服务组件组合服务、远程部署、管理配置、监控管理、安全管理等功能。服务组件组合服务是系统的核心，系统根据由服务组件组合成的业务流程和服务组件配置的运行节点，远程将服务组件部署运行于节点服务器上，并在节点服务器上建立若干个消息队列作为 XML 数据传输的通道，实现点对点信息传递；管理配置包括服务组件运行节点的配置和组件本身的配置。

### 4. 节点工作站服务器

各节点工作站服务器一起构成分布式的服务组件运行环境，并提供事件管理功能，如消息队列和可靠事件的传输管理机制等，与各节点应用接口的接口适配器运行于节点服务器上。在启动两节点之间的交换流程时，自动建立数据传输通道，通道能自动适应网络故障，保证持久连接。如果停止流程，通道同时被删除。节点工作站为运行其上的接口服务等组件提供两部分主要功能：运行环境和监控信息采集，接口服务等组件运行其上，并将有关服务组件的状态发送到中心服务器，中心服务器通过节点服务器开启组件；可靠事件传输，为服务组件之间的数据传输提供可靠传输机制，其中包括断点续传等功能。

### 5. 适配器

适配器是根据应用来定制的，为构建在数据共享交换平台之上的应用提供简单易用的连接服务组件。主要功能是实现与应用的对接，并把抽取和接收的 XML 消息发送到数据共享交换平台，实现数据路由和数据转换。适配器应可重用并可配置，不应包含数据路由和数据转换代码。

### （五）网络安全

煤炭企业数据网络安全主要包含以下内容：①保证关键服务器、设备、链路的可用性。②防止计算机病毒的危害。③建设安全的主机系统。④防止或阻止入侵者的非法活动。⑤建立灾难恢复体系。

#### 1. 网络安全设计中高可用性系统的建设

在煤炭企业数据网络建设和使用中，必须保证关键服务器、设备的不停机运行，同时还需要保证中心网络系统与公网的连接具有冗余链路，所以必须进行高可用性系统的建设。高可用性系统的建设主要包括以下两个部分：

（1）关键服务器的高可用：高可用性系统软件使连入网络中的两台服务器达到一种近乎无差错的容错级，使用环境为两台服务器连接到一个外部存储系统（例如磁盘阵列系统）。服务器通过网卡连接上网，并经由高速通道互联。两机使用集群软件相互侦测对方服务器故障（电压、主机硬件、系统软件、网络错误、应用软件等）。当一机故障发生时，另一主（客）机迅速接替故障主机任务，使故障主机应用能继续运行，整个系统达到高可用状态，两台服务器形成备份系统。

（2）骨干路由器的高可用：通过路由器之间的协议实现。

#### 2. 防火墙系统

随着互联网的迅速发展，网络安全问题越发凸显。防火墙产品属于五层网络安全体系中的网络安全技术，是网络安全技术中最基本一层，也是目前应用最为广泛的网络安全技术方案。而防火墙是在 Internet 网与局域网之间建立一个安全网关，以保护内部网络免受非法用户的侵入。防火墙的基本类型分为网络级（包过滤）防火墙和应用级防火墙，但随着防火墙技术的发展，两者区别已越来越不明显。

网络级防火墙是在 OSI 第三层或第四层实现的，通过访问控制列表来限定 IP 包是否穿过路由器进入内部网络。网络级防火墙的优点是价格便宜，其构件只有包过滤路由器，但定义包过滤路由器比较复杂，且基本没有什么工具来保证其正确性。

应用级防火墙是基于代理的，能实现比网络级防火墙更安全的策略。应用级防火墙是建立在应用网关基础之上的，有三种基本原型双宿主机网关（Dual-Homed Gateway）、屏蔽主机网关（Screened Host Gateway）和屏蔽子网网关（Screened Subnet Gateway），分别适应于不同规模的网络，其共同点是都需要一台堡垒主机来转发程序、通信登记及业务提供。双宿主机网关简单易于安装，缺点是一旦防火墙破坏堡垒主机成为没有寻径功能的路由器，就会失去防火墙功能；屏蔽主机网关外部 Internet 用户不允许直接访问内部 Internet，只能对 Internet 的堡金主机进行访问；屏蔽子网网关是在 Internet 和 Internet 之间建立一小型独立网络，对该网络的访问路由器按屏蔽规则保护。应用级防火墙的优点是网络管理员可对服务器进行全面控制，且应用级防火墙有能力支持可靠的用户认证并提供详细的注册信息；缺点是缺乏透明性。

煤炭企业数据网络 Internet 网络安全需要专设一台防火墙服务器，采用网络级防火墙和应用级防火墙的混合方式对数据网的内外部访问服务进行全面的保护与控制，同时该防火墙可与 IDS、漏洞扫描系统实现联动。

### 3.IDS 入侵检测系统

入侵检测就是对企图入侵、正在进行的入侵或已经发生的入侵进行识别的过程。入侵检测系统则是从多种计算机系统及网络中收集信息，再通过这些信息分析入侵特征的网络安全系统。它能够实时监控网络传输或主机系统，自动检测可疑行为，及时地发现来自网络外部或内部的攻击从而实时响应，并提供了安全事件的详细说明及恢复、修补措施。

作为一种积极主动的安全防护技术，入侵检测技术提供了对内部攻击、外部攻击的实时保护，在网络系统受到危害之前拦截和响应网络入侵。在网络安全立体纵深、多层次防御的手段中，入侵检测技术越来越受到人们的高度重视。

入侵检测被认为是防火墙之后的第二道安全闸门，它可以在防火墙安全策略的基础上增强监控与统计的功能。通过设置相应的策略，有效记录网络上的异常活动，对异常活动模式统计分析。通过评估重要系统和数据文件的完整性，分析出网络上的安全性攻击事件，并检查网络中是否有违反安全策略的行为和遭到攻击的迹象，为网络安全提供实时的入侵检测及联动响应的防护手段，如记录证据用于跟踪、恢复、断开网络连接等。

根据对入侵检测系统的描述，Internet 网络安全专设一台入侵检测服务器，理论上位于网络的任意位置都可以，但考虑与防火墙的联动，应连接在核心交换机上。IDS 系统与防火墙系统的连动可以使网络的安全性得到很大的提高。

### 4. 漏洞扫描系统

漏洞扫描技术是检测远程或本地系统安全脆弱性的一种安全技术。用于检查、分析网络范围内的设备、网络服务、操作系统、数据库系统等系统的安全性，从而为提高网络安全的等级提供决策支持。

系统管理员利用漏洞扫描技术对局域网络、Web 站点、主机操作系统、系统服务以及防火墙系统的安全漏洞进行扫描，可以了解在运行的网络系统中存在的不安全的网络服务，在操作系统上存在的可能导致黑客攻击的安全漏洞，还可以检测主机系统中是否安装了窃听程序，防火墙系统是否存在安全漏洞和配置错误等。利用安全扫描软件，可以及时地发现网络漏洞并在网络攻击者扫描和利用之前予以修补，以提高网络的安全性。

根据对漏洞扫描系统的描述，煤炭企业数据网络可专设一台漏洞扫描服务器，理论上位于网络的任意位置都可以，但考虑与防火墙的联动，应连接在核心交换机上。漏洞扫描系统与防火墙系统的连动可以使网络的安全性得到很大的提高。

### 5. 防杀病毒系统

网络安全的另一个重要因素是对病毒的防杀。防杀病毒软件要求能够支持主流应用平台，主要包括 UNIX、OS/2、Windows 系列、Linux 和 Novell 等。整个防杀病毒管理系统应该包括管理控制台、管理服务器、病毒软件库、报警管理和管理代理、集中管理、监控等一体化的反病毒体系，支持软件自动分发、升级及配置的中央管理，可以在网络上远程安装、配置、管理、升级和删除防杀病毒软件，能够有效地防止网络病毒通过各种渠道来传播，并快速清除单机、工作站、服务器等内部网络的病毒。现在国内外有许多防杀病毒软件，根据性能及价格可选择合适的企业版网络防杀病毒系统，该防杀病毒系统应具有病毒库升级快、易管理、可实现自动分发等功能，可配置专门的服务器安装防杀病毒系统的服务器端，网内用户可以直接通过该服务器进行病毒库的升级。这样的设置可以提高用户病毒库升级的速度，同时可以节约网络的出口带宽，以提高网络的服务性能。

## 三、煤矿信息化平台中的传输技术

煤矿信息化平台传输网主要是指煤炭企业与其下属单位各信息网络之间的数据、视频、语音通信传输线路，以及与其上级主管单位之间的数据、视频通信传输线路。通过构建一个覆盖集团所有单位的综合业务传输网，完成企业内部各单位之间广域网络互联，实现煤炭企业信息化管理、远程生产管理调度指挥和跨地区信息交流，进而提高管理效率，节约管理成本。

信息传输的过程：首先要把消息转换成电信号或者光信号，然后经过发送设备将信号送入信道，在接收端利用接收设备对接收到的信号做相应的处理后送给信宿，再转换为原来的消息。当信号在信道中传输时，按传输煤质的不同，通信系统可分为有线通信系统和无线通信系统两大类。本节主要介绍有线通信技术、无线通信技术以及互联网数据通道。

### （一）有线通信技术

有线通信是指利用金属导线、光纤等有形媒质传送信息的方式，也就是利用电信号或光信号来代表声音、文字、图像等信息，通过铺设的有线网络实现信息的传递。有线通信是导向性传输媒体的特点，需要特定的固体媒体，通常利用电线或者光缆作为通信传导，其中架空线路和电缆工程为远距离有线通信提供了纵横交错的信息流通通道。

有线通信应用范围广、受干扰较小、可靠性高、保密性强，但是有线网络的建设费用较大，材料资源消耗量较多，线路的保护与维修也需要投入大量人力、财力，且有线网络大多都是应用架空、地下、电缆及光缆等方式，一旦电缆或光缆某处发生事故，则很难排除故障也不易施工。这里重点介绍同轴电缆、双绞线、光纤这三种传输媒质在有线通信中的应用。

#### 1. 同轴电缆

在金属圆管内配置另一圆形导体（内导体），用绝缘介质使两者相互绝缘并保持轴心重合，这种结构形式的电缆称为同轴电缆。同轴电缆由里到外分为四层：中心铜线、塑料绝缘体、网状导电层和电线外皮。最常见的间轴电缆由绝缘材料隔离的铜线导体组成，在里层绝缘材料的外部是另一层环形导体及其绝缘体，然后整个电缆由聚氯乙烯或特氟纶材料的护套包住。

同轴电缆根据其直径大小可以分为粗同轴电缆和细同轴电缆。粗同轴电缆适用于比较大型的局部网络，它的标准距离长，可靠性高，由于安装时不需要切断电缆，因此，可以根据需要灵活地调整计算机的入网位置，但粗同轴电缆网络必须安装收发器电缆，收发器电缆安装难度大，所以总体造价高；相反，细同轴电缆则安装比较简单，造价低，但由于安装过程要切断电缆，两头须装上基本网络连接头，当接头多时容易产生不良的隐患。

同轴电缆根据用途可分为基带同轴电缆和宽带同轴电缆。目前基带同轴电缆的屏蔽层通常是用铜做成的网状，特征阻抗为500；宽带同轴电缆常用的屏蔽层通常是用铝冲压成的，特征阻抗为7511。

50fi 同轴电缆主要用于基带信号传输，传输带宽为 1 ～ 20MHz，计算机网络一般选用 RG-8 以太网粗同轴电缆和 RG-58 以太网细同轴电缆。75ft 同轴电缆常用于 CATV 网，故称为 CATV 电缆，传输带宽可达 1GHz，目前常用 CATV 电缆的传输带宽为 750MHz。

同轴电缆的优点是抗干扰能力强、屏蔽性能好、传输数据稳定，可以在相对长的无中继器的线路上支持高带宽通信，而其缺点也是显而易见的：一是体积大，要占用电缆管道的大量空间；二是不能承受缠结、压力和严重的弯曲，这些都会损坏电缆结构，阻止信号的传输；最后就是成本高，而所有这些缺点正是双绞线能克服的，因此，在现在的局域网环境中，基本已被基于双绞线的以太网物理层规范所取代。

### 2. 双绞线

双绞线是由两条相互绝缘的导线按照一定的规格互相缠绕在一起而制成的一种通用配线，属于信息通信网络传输介质。双绞线过去主要是用来传输模拟信号的，但现在同样适用于数字信号的传输。双绞线是综合布线工程中最常用的一种传输介质。由于双绞线是由一对相互绝缘的金属导线绞合而成，所以双绞线不仅可以抵御一部分来自外界的电磁波干扰，同时也可以降低多对绞线之间的相互干扰。把两根绝缘的导线互相绞在一起，干扰信号作用在这两根相互绞缠在一起的导线上是一致的，在接收信号的差分电路中可以将共模信号消除，从而提取出有用信号。

按照屏蔽层的有无可将双绞线分为屏蔽双绞线（STP）与非屏蔽双绞线（UTP）。屏蔽双绞线在双绞线与外层绝缘封套之间有一个金属屏蔽层。屏蔽双绞线又分为 STP 和 FTP，STP 每条线都有各自的屏蔽层，而 FTP 只在整个电缆有屏蔽装置，并且两端都正确接地时才起作用。所以要求整个系统是屏蔽器件，主要包括电缆、信息点、水晶头和配线架等，同时建筑物需要有良好的接地系统。屏蔽层由铝钼包裹，可减少辐射，防止信息被窃听，也可阻止外部电磁干扰的进入，使屏蔽双绞线比同类的非屏蔽双绞线具有更高的传输速率。屏蔽双绞线价格相对较高，安装时要比非屏蔽双绞线电缆困难。非屏蔽双绞线是一种数据传输线，由四对不同颜色的传输线组成，广泛应用于以太网路和电话线中。

按照线径粗细可将双绞线分为以下几类：

一类线（CAT1）：线缆最高频率带宽是 750kHz，用于报警系统，或只适用于语音传输，不同于数据传输。

二类线（CAT2）：线缆最高频率带宽是 1MHz，用于语音传输和最高传输速率 4Mbps 的数据传输，常见于使用 4Mbps 规范令牌传递协议的旧的令牌网。

三类线（CAT3）：指目前在 ANSI 和 EIA/TIA568 标准中指定的电缆，该电缆的传输频率为 16MHZ，最高传输速率为 10Mbps（10Mbit/s），主要应用于语音、10Mbit/s 以太网（108人5瓦-10和4\^1/8 令牌环，最大网段长度为 100m，采用 RJ 形式的连接器，目前已淡出市场。

四类线（CAT4）：该类电缆的传输频率为 20MHz，用于语音传输和最高传输速率 16Mbps（指的是 16Mbit/s 令牌环）的数据传输，主要用于基于令牌的局域网和 10BASE-T/100BASE-T。最大网段长为 100m，采用 RJ 形式的连接器，未被广泛采用。

五类线（CAT5）：该类电缆增加了绕线密度，外套一种高质量的绝缘材料，线缆最高频率带宽为 100MHZ，最高传输率为 100Mbps，用于语音传输和最高传输速率为 100Mbps 的数据传输，主要用于 100BASE-T 和 1000BASE-T 网络，最大网段长为 100m，采用 RJ 形式的连接器。这是最常用的以太网电缆。在双绞线电缆内，不同线对具有不同的绞距长度。通常，四对双绞线绞距周期在 38.1nun 长度内，按逆时针方向扭绞，一对线对的扭绞长度在 12.7mm 以内。

超五类线（CAT5e）：超五类具有衰减小，串扰少，并且具有更高的衰减与串扰的比值（ACR）和信噪比（SNR）、更小的时延误差，性能得到很大提高。超五类线主要用于千兆位以太网（1000Mbps）。

六类线（CAT6）：该类电缆的传输频率为 1MHz ~ 250MHz，六类布线系统在 200MHZ 时综合衰减串扰比应该有较大的余量，它提供 2 倍于超五类的带宽。六类布线的传输性能远远高于超五类标准，最适用于传输速率高于 1Gbps 的应用。六类与超五类的一个重要的不同点在于：改善了在串扰以及回波损耗方面的性能，对于新一代全双工的高速网络应用而言，优良的回波损耗性能是极重要的。六类标准中取消了基本链路模型，布线标准采用星形的拓扑结构，要求的布线距离为：永久链路的长度不能超过 90m，信道长度不能超过 l00m。

超六类或 6A（CAT6A）：此类产品传输带宽介于六类和七类之间，传输频率为 500MHz，传输速度为 10Gbps，标准外径 6mm。目前和七类产品一样，国家还没有出台正式的检测标准，只是行业中有此类产品，各厂家宣布一个测试值。

七类线（CAT7）：传输频率为 600MHz，传输速度为 10Gbps，单线标准外径 8mm，多芯线标准外径 6mm，可用于今后的 10Gbps 以太网。

### 3. 光纤

光纤是光导纤维的简称，是一种利用光在玻璃或塑料制成的纤维中，以全反射原理传输光的传导工具。在均匀介质中光沿直线传播，但在到达两种不同介质的分界面时，会发生反射与折射现象。光纤一般是由纤芯、包层、涂覆层和护套构成的多层介质结构的对称圆柱体。

光纤有两项主要特性：即损耗和色散。光纤每单位长度的损耗或者衰减，关系到光纤通信系统传输距离的长短和中继站间隔距离的选择。光纤的色散反应时延畸变或脉冲展宽，对于数字信号传输尤为重要。每单位长度的脉冲展宽，影响到一定传输距离和信息传输容量。

纤芯材料的主体是二氧化硅，里面掺极微量的其他材料，如二氧化锗、五氧化二磷等，掺杂的作用是提高材料的光折射率。纤芯直径为 $5\sim75\,\mu m$。光纤外面有包层，包层有一层、二层（内包层、外包层）或多层（称为多层结构），但是总直径为 $100\sim200\,\mu m$。包层的材料一般用纯二氧化硅，也有掺极微量三氧化二硼的，最新的方法是掺微量的氟，就是在纯二氧化硅里掺极少量的四氟化硅。掺杂的作用同样是降低材料的光折射率。这样，光纤纤芯的折射率要略高于包层的折射率，两者细微的区别，保证光主要限制在纤芯里进行传输。包层外面还要涂一种涂料即涂覆层，可用硅铜或丙烯酸盐。涂覆层的作用是保护光纤不受外来的损害，增加光纤的机械强度。光纤的最外层是护套，它是一种塑料管，也是起保护作用的，不同颜色的塑料管还可以用来区别各条光纤。

### 4. 矿用光缆

矿用光缆即煤矿用阻燃通信光缆，简称矿用光缆、煤矿光缆或煤用光缆，其型号为MGTSV。

## （二）特征

①矿用光缆是光纤光缆在通信领域中的一个特殊应用，即专业用于煤矿行业的通信光缆，也可用于金矿、铁矿等矿山环境。

②矿用光缆除了继承光纤光缆的全部性能外，还因为煤矿行业的特殊要求而增设了许多特殊性能，主要增设的性能为阻燃特性和防鼠特性（矿井特殊环境），因煤矿、金矿、铁矿等矿井，特别是煤矿为事故多发地，为确保意外发生时仍然保证通信畅通，减少损失，国家安全生产监督管理总局、国家煤矿安全监察局强制要求用于煤矿的所有产品必需取得"矿用产品安全标志证书"。

③由于煤矿光缆综合性能是矿用方面唯一的标准，同时也是行业要求比较高的执行标准，因此，其他矿用光缆一般均按照煤矿用光缆进行设计和生产。

（2）结构

①中心束管式（2～12芯，因为工艺的问题，这种工艺只能生产到12芯）：由内到

外依次为光纤、光纤膏、松套管、细钢丝（多根围绕成一圈）、钢带、PE 内护层、阻燃护套（蓝色）。

②层绞式（2 ~ 144 芯，一般小于 12 芯时偏向采用中心束管式）：由内到外依次为中心加强件（一般用磷化钢丝）、光纤、光纤膏、松套管、扎带、缆膏、钢带、PE 内护层、阻燃护套（蓝色）。

矿用阻燃光缆的结构是将单模或多模光纤套入由高模量的塑料做成的松套管中，套管内填充阻水化合物。缆芯的中心是一根磷化钢丝或挤上聚乙烯的钢丝绳，松套管（或填充绳及信号线）围绕中心加强芯绞合成紧凑和圆形的缆芯，缆芯内的缝隙充以阻水填充物钢——聚乙烯黏结内护套后，蓝色阻燃 PVC 护套成缆。

（3）规格（表 4-1、表 4-2）

表 4-1　中心束管式矿用光缆（2—12 芯）规格参数

| 序号 | 参数名称 | 参数值 |
|---|---|---|
| 1 | 线缆外径 | 11.4mm |
| 2 | 线缆质最 | 190kg/km |
| 3 | 最小弯曲半径 | 120mm（静态）/240mm（动态） |
| 4 | 拉伸力 | 1500N（短期）/600N（长期） |
| 5 | 压扁性能 | 1000N/100mm |

表 4-2　层绞式矿用光缆（2—72 芯）规格参数

| 序号 | 芯数 | 参数名称 | 参数值 |
|---|---|---|---|
| 1 | 2 ~ 30 芯 | 线缆外径 | 12.7mm |
| | | 线缆质量 | 180kg/km |
| | | 最小弯曲半径 | 160mm（静态）/320imn（动态） |
| 2 | 32 ~ 60 芯 | 线缆外径 | 13.9mm |
| | | 线缆质量 | 240kg/km |
| | | 最小弯曲半径 | 170mm（静态）/340mm（动态） |
| 3 | 62 ~ 72 芯 | 线缆外径 | 15.1mm |
| | | 线缆质量 | 286kg/km |
| | | 最小弯曲半径 | 190nmi（静态）/380mm（动态） |

## （二）无线通信技术

无线通信是利用电磁波信号可以在自由空间中传播的特性进行信息交换的一种通信方式，近些年，在信息通信领域中，发展最快、应用最广的就是无线通信技术。移动通信、卫星、微波、无线接入等都是无线通信。无线通信具有信道不可预见性大、使用灵活方便等特点。

煤矿信息平台主要包括地面无线通信和井下无线通信两类，其中地面无线通信通常采用电信运营商的服务，而井下无线通信网络（IP组播、人员定位、无线调度等）则需要自建。

与地面相比，矿井地质条件和生产环境对无线通信效果影响较大。通过对井下试验结果的分析可知，在甚低频段、低频、中频的低端，随着频率的增大，衰减不断增大；在中频高端、高频频段，衰减达到最大，最不利于传输；进入甚高频后，衰减随频率上升而减小。井下巷道是由岩壁组成的相对封闭的限定空间，电磁波的传播受到岩壁的限制，传输衰减很大，而发射功率又受到易爆环境的制约。因此，煤矿井下选择低功耗、短距离的无线通信方式是必然趋势。

### 1. 矿井漏泄通信技术

矿井漏泄通信技术原理为人为地在同轴电缆的外导体开孔、开槽或采用疏织的方式破坏外导体的完整性，从而使无线电信号在其传输时，既能沿轴向向远方传播，又能沿径向产生漏泄信号场强。这种特殊的电缆称之为漏泄电缆，而这种运用漏泄电缆作为传输媒介完成的井下无线通信的方式就是矿井漏泄通信。

漏泄电缆的作用是传输和辐射电磁能量，具有传输线和连续型天线两种作用。由于它的传输媒介为电缆，所以传输质量高、抗干扰能力强、工作频率高、频带宽、容量大，可满足井下无线通信的数据、图像、话音的传输通信要求，但其缺点是在井下环境中漏泄电缆可能被挤压发生变形、断裂、短路及中继放大器的损坏都会造成系统的损坏。

虽然漏泄通信是矿井无线通信技术一种很好的方式，但其缺点影响了它的应用前景。

### 2. 矿井透地通信技术和感应通信技术

矿井透地通信是以大地为电磁波传播媒介，无线电磁波穿透大地的无线电通信方式。因其采用中低频进行通信，所以也称为矿井中低频通信。它的原理就是利用超低频电磁波信号可穿透岩层几百米的特性进行通信，可用于无线急救通信等。在紧急情况发生时，能够迅速有效地与井下的工作人员通信。但中低频通信的带宽窄，不适用于井下人员频繁移动的状况，更不能满足现代化矿井对大数据量以及多媒体信息传输的要求。

矿井感应通信技术就是通过架设专用感应线，或利用巷道内已有的导体（如电缆、管道、轨道等）进行导波传输的通信方式。这种通信系统结构简单、价格低、感应线敷设灵活、无须中继放大，目前在我国部分煤矿得到使用。感应通信为了减少传输衰减，传输频率通常选择在2MHz以下，而在这个频段，煤矿井下的机电噪声较大，对通话质量影响最为严重。

另外，当感应传输线离巷道壁太近时，容易形成电磁场空间分布的不均匀，引起较大的能量损耗，影响通信距离，阻碍了其进一步的发展。

### 3.RFID（射频识别）技术

RFID是一种非接触式的自动识别技术，它通过射频信号自动识别目标对象并获取相关数据。最基本的RFID系统由标签、阅读器和天线三部分组成。标签进入磁场后，接收阅读器发出的射频信号，凭借感应电流所获得的能量发送出存储在芯片中的信息（无源/

被动标签），或者主动将信息以某一频率的信号发送出去（有源／主动标签）；阅读器读取信息并解码后，送至处理系统进行数据处理。

目前，ISO 已经有超过 140 种的 RFID 标准，工作频率跨越多个频段。一般而言，低频频段能量较低，数据传输率较小，无线覆盖范围受限，要扩大无线覆盖范围必须扩大标签天线尺寸；但低频频段天线的方向性不强，允许一定范围的障碍，其标签的成本相对较低。高频频段数据传输率相对较高，通信质量较好，适用于长距离传输，其波束的传播方式易于智能标签定位；但高频功率损耗与传播距离的平方成正比，而且容易被障碍物阻挡，不易实现全区域覆盖。

由于矿山井下定位环境的特殊性，传统的定位方法并不能满足井下智能实时定位的要求。伴随着全球物联网时代的到来，矿山物联网成为数字矿山发展的一个必然趋势，对井下海量位置信息的采集成为感知矿山工程建设的一个关键环节。RFID 因具有可以非接触识读多个对象、可识别高速运动物体、信息容量大、环境适应能力强等许多的优点，在矿山物联网建设中有广阔的应用前景。

作为感知矿山系统中的一个重要的子系统，RHD 系统的主要功能是目标的识别与定位以及信号传输。RFID 系统在矿山物联网中的应用主要体现在以下方面：

（1）井下考勤与人员管理。在工作面、巷道等人员通过的地方布设适量的阅读器，当携带有唯一识别号定位标签的矿工进入传感器的识别范围后，阅读器与定位标签进行数据交换，从而完成定位与考勤管理。系统可以对危险的废气巷道实行门禁，当有人员非法进入时，通过随身携带的标签向工作人员发送警报。通过后台管理系统查询瓦斯检测员等是否按时到岗。通过系统数据库，查询井下施工人员的分布情况，根据工作需要对井下人员进行调配，实现人力资源的优化配置，提高井下人员的工作效率。

（2）井下设备定位与调度管理。对矿车的运动轨迹进行监控，调整机车的运行时段，实现矿井机车智能集中调度，大大提高矿井运输的效率。对机车经过区域的施工人员提前发布警告，可以减少井下事故的发生。在出井口的阅读器记录矿车出入的次数，可以根据矿车的装煤量自动计算某一时段的产煤量。

（3）信息的无线传输。RFID 技术并不像 GPS 那样，是专门用来导航定位的，它产生之初主要是用来进行信号的无线传输与目标识别的。在矿山设备上安置传感器，监测设备的工作状态，通过 RFID 信号将信息传输到井上设备管理系统，实现矿山设备的预知维修。

另外，随着数字矿山建设的深入与感知矿山工程建设的发展，瓦斯系统的布线问题成为制约其系统性能发展的瓶颈。井下的无线传输可以与有线传输互补，甚至无线传输可以代替有线传输，国内外的一些学者在这方面做了许多研究。

（4）矿井救避灾。国际上有包括南非、美国和澳大利亚等在内的许多国家安装了基于 RFID 的井下人员定位和搜救系统。当井下发生紧急情况时，系统传送警报和紧急指示信号给作业人员，引导人员疏散。事故发生后，可以及时准确地了解井下人员的分布情况和准确位置，利用 GIS 系统分析被困人员的最佳逃生路线，为决策层提供救援依据。

（5）矿山物流管理。煤炭企业的物流管理，是对煤炭企业原煤生产和产品运输过程中所需各种物资的采购、储备、使用等进行计划、组织和控制。通过在物资上安装的电子标签，可以方便地跟踪物资信息，建立物资供应监控网络，实时监控企业的物资运输、仓储、装卸、加工、整理、配送、调度等，同时进行有效资源整合，实现企业物资信息化管理的零等待、零库存目标。

4.ZigBee 技术

ZigBee 技术采用 IEEE802.15.4 作为其物理层标准，依此协调数千个微小的传感器之间的相互通信。这些传感器只需要很少的能量，以接力的方式通过无线电波将数据从一个传感器传到另一个传感器，通信效率高。

ZigBee 无线网络通过电缆或光缆组成井下高速工业以太网，ZigBee 网络固定节点设置在人员出入的井口井下巷道的分岔口和各个工作面，移动节点由员工随身携带，节点间通过无线方式进行通信实时有效地将数据信息反映在地面计算机上，实现了井下人员定位安全监测等功能。ZigBee 无线数据采集器实时进行数据信息采集，保证了事故发生时能及时报警，并可辅助井上人员快速制定救援方案，减少人员的伤亡，大大增加了煤矿井下的安全性。ZigBee 无线传感器网络具有灵活、成本低、易于布置等特性，能够方便、及时、准确地采集各类信息，在某一节点破坏后也不影响数据的传送，这些特点恰好满足煤矿行业大规模使用的要求。

ZigBee 技术使用的频段分别为 2.4GHz、868MHz（欧洲）及 915MHz（美国），均为免执照频段，具有 16 个扩频通信信道。相对于现有的各种无线通信技术，ZigBee 技术是最低功耗和最低成本的技术。ZigBee 技术的多种特点也决定了它是无线传感器网络的最好选择，特别适用于煤矿井下的无线安全监控系统。

结合井下作业生产的特殊性和要求，采用基于 ZigBee 的无线传感器网络技术实现巷道内人员定位，井下人员佩带系统的 ZigBee 定位模块，此模块定时发出存在信息，由分布在巷道中的路由节点接受，并根据信号强度判断其位置。井下作业人员的位置相关信息由路由节点或若干路由节点传至接入节点，再由接入节点传人以太网，即通过基于 ZigBee 技术的无线自组织网络传输到煤矿井下救援系统，以达到实时判断人员定位的目的。通过基于 ZigBee 的无线自组织网络检测人员位置参数实时传输到煤矿井下救援系统，能够进行实时监测，在危险情况下及时报警并及时通知作业人员，事故发生后，可以辅助快速制定救援方案，减少人员伤亡。网络分为井上和井下两个部分，井上是煤矿救援系统及其相关设备和网络，井下部分是无线传感器网络及其相关设备和网络。

# 四、煤矿信息化网络支撑平台

## （一）网络支撑平台设计原则

为达到煤矿企业信息化建设的目标，在网络支撑平台设计中，应坚持以下原则：

（1）实用性和先进性

采用先进成熟的技术以满足煤矿企业各种应用系统的需求，同时兼顾其他相关的管理需求，体现网络系统的先进性。在网络设计中把先进的技术与现有的成熟技术、标准和设备结合起来，考虑到未来发展趋势，尽可能地采用先进的网络技术，以适应更高的数据、语音、视频（多媒体）的传输需要，使整个系统在相当一段时期内保持技术的先进性，以满足未来信息化发展的需要。

（2）高可靠性

网络系统的稳定可靠是应用系统正常运行的关键，对于煤矿企业安全生产更是如此。为确保各项业务顺利进行，网络必须具有高可靠性，尽量避免系统的单点故障。要对网络结构、网络设备等各个方面进行高可靠性的设计和建设。在网络设计中特别是关键节点的设计中，应选用高可靠性网络产品，在网络设计上应采用硬件备份、冗余等可靠性技术，合理设计网络冗余拓扑结构，制定可靠的网络备份策略，保证网络具有故障自愈能力，最大限度地保证安全生产信息网络系统的高效运行。

（3）标准性与开放性

网络设备应该采用国际标准协议进行互连互通，确保网络系统基础设施的作用，在结构上真正实现开放。基于开放式标准，包括核心网、接入网、安全网以及网管系统等，坚持统一规范的原则，从而为未来的发展奠定基础。网络采用国际上通用标准的主流的网络协议，不仅保证与其他网络（如公共数据网、Internet）之间的平滑连接和互通，还能适应未来若干年的网络发展趋势，便于将来网络自身的扩展。

（4）高安全性

网络安全体系是一个多层次、多方面的结构，在总体结构上分为网络层安全、应用层安全、系统层安全和管理层安全四个层次。煤矿信息化网络支撑环境把安全性作为重点，通过防火墙、IPS、VPN、端点防护系统等系统部署和联合工作，从多个层面构建有机联动的立体安全网络。

（5）高性能

企业网络支撑平台是整个企业信息化的基础，设计中必须保障网络及设备的高吞吐能力，保证各种监控信息（数据、语音、图像）的高质量传输，力争实现透明网络，使网络不成为企业信息化的"瓶颈"。

（6）灵活性及可扩展性

网络系统是一个不断发展的系统，网络不仅需要保持对以前技术的兼容性，还必须具有良好的灵活性和可扩展性，具备支持多种应用系统的能力，提供技术升级、设备更新的灵活性，能够根据企业不断地深入发展的需要，以及未来业务的增长和变化，平滑地扩充和升级现有的网络覆盖范围，扩大网络容量和提高网络各层次节点的功能，最大程度地减少对网络架构和现有设备的调整。

（7）易操作性和可管理性

由于企业网络支撑平台的复杂性，随着业务的不断发展，网络管理的任务必定会日益繁重。所以，在网络设计中，必须建立一套全面的网络管理解决方案。网络设备必须采用智能化、可管理的设备，同时采用先进的网络管理软件，实行先进的管理，最终实现监控、监测整个网络的运行情况，可以迅速确定网络故障等。通过先进的管理策略、管理工具提高网络的运行性能和可靠性，简化网络的维护工作，从而为办公、管理提供最有力的保障。

## （二）网络基础平台设计

### 1. 核心层设计

网络主干技术是指主干网设备之间的连接技术，计算机网络的主干必须选用相应的宽带主干技术。目前，可供选择的宽带技术包括以下几种：

（1）万兆以太网技术（GE）最高传输速率为 10Gbit/s，与 1000M 以太网技术、快速以太网技术向下兼容。

（2）千兆以太网技术（GE）最高传输速率为 1Gbit/s，与以太网技术、快速以太网技术向下兼容。

（3）异步转移模式（ATM 技术）采用信元传输和交换技术，减少处理时延，保障服务质量，使其端口可以支持从 El（2Mbit/s）到 STM-1C155Mbit/s）、STM-4（622Mbit/s）、STM-16（2.5Gbit/s）、STM-64（10Gbit/s）的传输速率。

（4）SDH 技术（或 IPoverSDH 技术）采用高速光纤传输，以点对点的方式提供从 STM1 到 STM64 甚至更高的传输速率。其中，IPoverSDH 技术也简称为 POS 技术，也就是将 IP 包直接封装到 SDH 帧中，提高了传输的效率。

（5）动态 IP 光纤传技术（DPT）定义了一种全新的传输方法——IP 优化的光学传输技术。这种技术提供了宽使用的高效率、服务类别的多样性以及网络的高级自愈功能，从而在现有的一些解决方案基础上，为网络营运商提供了性价比极好和功能极其丰富的、更先进的解决方案。

10GE/GE 技术、ATM 技术、POS 技术都各有优、缺点。其中 10GE/GE 千兆以太网技术基于传统的成熟稳定的以太网技术，可以与用户的以以太网为主的网络实现无缝连接，中间不需要任何格式的转换，大大提高了数据的转发和处理能力，减少了交换设备的负担。10GE/GE 可以很轻松地划分虚拟局域网，把分散在各地的用户连接起来，提供一个可靠快速的网络。10GE/GE 的造价比 ATM 低廉，性能价格比好，投资的利用率较高。ATM 技术的最大问题是协议过于复杂和信头开销太多，设备价格高而传输速率有上限（622M, 2.5G

接口昂贵）。ATM 上有很多协议，如 MPOA、CLASICALIPOVERATM、永久虚电路等。ATM 本来有很强的服务质量功能，可以实现很好的多媒体传输网，但在与以太网设备互联时，不能确保端到端服务质量，需要在以太网的数据格式和 ATM 数据格式间进行转换，效率比较低。POS 技术通过在光纤上传输 SDH 格式的 PPP 数据包，可以获得很高的链路利用率（至少在 80% 以上），当数据包大小为 1500 字节时，其传输效率可达 98%，对 IP 协议而言，这种传输效率可以大大提高 IP 网的性能。总而言之，POS 技术具有很多优点，其缺点是带宽分配不够灵活，而且造价成本很高。

核心层包括网络中心节点和出口节点。核心层的功能主要是实现骨干网络之间的优化传输，核心层设计任务的重点通常是冗余能力、可靠性和高速的传输。网络的控制功能、网络的各种应用应尽量少在核心层上实施。核心层一直被认为是流量的最终承受者和汇聚者，因此，对核心层的设计以及网络设备的要求十分严格。

### 2. 汇聚层设计

汇聚层包括各个煤矿节点和企业集团办公大楼节点。每个煤矿中，以矿核心路由交换机为中心，向下辐射到本矿的信息接入点交换机，向上双链路接入集团双核心路由交换机。矿核心路由交换机是该矿网络的核心，是将全矿网络信息"汇总"后聚合到集团双核心路由交换机的设备（汇聚层交换机），全矿所有的办公自动化系统信息、安全生产数据等都是经该设备汇聚到集团。在煤矿企业办公大楼内，职能科室部门众多，以办公大楼核心路由交换机为中心，向下辐射到本大楼所有职能处室的信息接入点交换机，向上双链路接入集团双核心路由交换机。

### 3. 接入层设计

网络接入层的设计应该具有以下几个特性：

（1）对于接入层网络，最重要的是灵活性——网络部署的灵活性。接入层网络是对最终用户的覆盖部分，要具有随着用户的需求变化而变化的能力，这种能力又体现在网络的灵活扩展、堆叠能力、跨设备链路聚合等众多方面。

（2）接入层网络要具有业务的接入、控制能力。对不同种类的接入业务要具有识别的能力，能够提供实时性高的业务，能够给予更高的服务质量保证；对于生产监控调度等敏感性数据要具有网络隔离保护能力。

（3）接入层网络要具有对用户管理控制能力。接入到网络中的用户、主机都可能出现有意或者无意的攻击行为，例如，用户电脑冲击波病毒等对网络造成的攻击风暴，接入层网络作为用户的直接接入者要具有精细的端口控制、隔离能力，才可以在用户接入前、接入中、接入后进行必要的认证、监控和审计。

（4）接入层网络要有简单、方便的设备管理能力。接入层网络覆盖地区广，用户设备分散，建成后的维护工作量大，所以简单、易用以及图形化的远程管理能力是减少维护工作量、降低维护成本的最有效手段。

（5）接入层网络所使用的设备应具有较高的性能价格比，即以较小的端口代价获得安全、稳定的接入端口。

**4. 无线网络设计**

随着企业网建设的实施和深入，对外交流日趋频繁，移动办公设备也越来越多，这些都对现有的企业网提出了更多、更高的要求。使用无线网络系统，用户只需要简单地将无线网卡接入笔记本电脑或个人 PC 机，依靠安装在楼宇的无线接入网桥便可迅速完成网络连接，不需要进行布线工程施工，因此，大大降低了网络系统实施开通的时间周期，为用户迅速开展相关业务提供了强有力的保证，也因此降低了相关成本，保护了用户的投资。

在网络的整体建设中，以企业骨干网为依托，在企业网内方便地使用网络，特别在会议室或者偏僻的角落或者有线网络信息点不足的地方，使用无线网络有着明显的优势。利用无线网络技术作为辅助或补充的方式，进一步扩大网络使用范围，使网络接入更方便、更高效。

## （三）网络安全系统设计

煤矿企业网络支撑环境安全应解决以下几个问题：①物理链路安全问题；②网络平台安全问题；③系统安全问题；④应用安全问题；⑤管理安全问题。

**1. 网络杀毒设计**

通过在 Wmdows 平台服务器以及个人 PC 机上部署集杀毒、防火墙以及入侵检测于一体的桌面防御系统，结合操作系统相关的补丁，可确保前端 PC 机较好地抵御网络的安全威胁，使安全威胁降至最低。

**2. 防火墙设计**

在中心交换与出口之间采用防火墙，可以阻挡来自外部的未经授权的访问或入侵。建议在网络出口采用防火墙＋路由器的方式，将防火墙设置成透明模式来对出口实现防火墙功能，在路由器上启用集成 NAT、策略路由等功能。

**3. 网络管理设计**

传统的工作模式是靠维护人员不定期地对设备进行检查和用户报修，这种被动的维护模式很难收到好的效果。网络设备和链路出现的故障不是一朝一夕所形成的，如果有一套工具可以定期地自动对设备进行检查，自动分析设备和链路的状态并且自动形成报表，将大大提高运行维护人员的工作效率。

网络管理一般分为故障管理、配置管理、性能管理、安全管理和账号管理五大部分。

（1）故障管理。检测、隔离和修正网络故障。

（2）配置管理。根据基准线修改和跟踪网络设备的配置变化。它也提供跟踪网络设备操作系统版本的功能。

（3）账号管理。它是指跟踪网络资源使用，并据此提供账单服务。

（4）性能管理。它是指测量网络行为和传输的包、帧和网络段的效率。性能管理主要包括协议、应用服务和响应时间等。

（5）安全管理。它是指保持和传送论证、授权信息，如 passowrd 和密钥等。通过使用审计、log 等功能进一步增加网络的安全性。网络管理需要考虑到统一的网管问题。

### 4. 子网隔离与访问控制表设计

VLAN（Virtual Local Area Network）BP 虚拟局域网，通过 VLAN 用户可以方便地在网络中移动和快捷地组建宽带网络，而无须改变任何硬件和通信线路。这样，网络管理员就能从逻辑上对用户和网络资源进行分配，而无须考虑物理连接方式。

采用 VLAN 对企业网络支撑平台进行管理的优点是非常明显的，主要表现在以下几个方面：

（1）控制网络的广播风暴

采用 VLAN 技术，可将某个交换端口划到某个 VLAN 中，而一个 VLAN 的广播风暴不会影响其他 VLAN 的性能。

（2）确保网络安全

共享式局域网之所以很难保证网络的安全性，是因为只要用户插入一个活动端口，就能访问网络。而 VLAN 能限制个别用户的访问，控制广播组的大小和位置，甚至能锁定某台设备的 MAC 地址，因此，VLAN 能确保网络的安全性。

（3）简化网络管理

网络管理员能借助于 VLAN 技术轻松管理整个网络。例如，需要为完成某个项目建立一个工作组网络，其成员可能遍及全国或全世界，此时，网络管理员只需要设置几条命令，就能在几分钟内建立该项目的 VLAN 网络，其成员使用 VLAN 网络，就像在本地使用局域网一样。

访问控制列表（Access Contro lList，简称 ACL）是对通过网络接口进入网络内部的数据包进行控制的机制，分为标准 ACL 和扩展 ACL 两种。标准 ACL 只对数据包的源地址进行检查，扩展 ACL 对数据包中的源地址、目的地址、协议以及端口号进行检查。作为一种应用在路由器接口的指令列表，ACL 已经在一些核心路由交换机和边缘交换机上得到应用，从原来的网络层技术扩展为端口限速、端口过滤、端口绑定等多层技术，实现对网络各层面的有效控制。具体到安全领域来说，ACL 的作用主要体现在以下几个方面：

（1）限制网络流量，提高网络性能

通过设定端口上、下行流量的带宽，ACL 可以定制多种应用的带宽管理，避免因为带宽资源的浪费而影响网络的整体性能。如果能够根据带宽大小来制定收费标准，那么运营商就可以根据客户申请的带宽，通过启用 ACL 方式限定访问者的上、下行带宽，实现更好的管理，充分地利用现有的网络资源，以保证网络的使用性能。

（2）有效的通信流量控制手段

ACL 可以限定或简化路由选择更新信息的长度，用来限制通过路由器的某一网段的流量。

（3）提供网络访问的基本安全手段

ACL 允许某一主机访问一个网络，阻止另一主机访问同样的网络，这种功能可以有效防止未经授权用户的非法接入。如果在边缘接入层启用二、三层网络访问的基本安全策略，ACL 能够将用户的 MAC、IP 地址、端口号与交换机的端口进行绑定，有效防止其他用户访问同样的网络。

5.VPN 设计

虚拟专用网（VPN）被定义为通过一个公用网络（通常是因特网）建立一个临时的、安全的连接，它是一条穿过混乱的公用网络的安全、稳定的"隧道"。虚拟专用网是对企业内部网的扩展。

虚拟专用网可以帮助远程用户、公司分支机构、商业伙伴以及供应商同公司的内部网建立可靠的安全连接，并确保证数据的安全传输。通过将数据流转移到低成本的网络上，一个企业的虚拟专用网解决方案将大幅度地减少用户花费在城域网和远程网络连接上的费用。同时，这将简化网络的设计和管理，加速连接新的用户和网站。另外，虚拟专用网还可以保护现有的网络投资。随着用户的商业服务不断发展，企业的虚拟专用网解决方案可以使用户将精力集中到自己的业务上，而不是网络上。虚拟专用网可用于不断增长的移动用户的全球因特网接入，以实现安全连接，可用于实现企业网站之间安全通信的虚拟专用线路；可用于经济有效地连接到商业伙伴和用户的安全外联网虚拟专用网。

虚拟专用网至少应提供如下功能：

（1）加密数据，以保证通过公网传输的信息即使被他人截获也不会泄露。

（2）信息认证和身份认证，保证信息的完整性、合法性，并能鉴别用户的身份。

（3）提供访问控制，不同的用户有不同的访问权限。

VPN 区别于一般网络互联的关键在于隧道的建立，数据包经过加密后，按隧道协议进行封装、传送以确保安全性。一般地，在数据链路层实现数据封装的协议称为第二层隧道协议，常用的有 PPTP、L2TP 等；在网络层实现数据封装的协议称为第三层隧道协议，如 IP-Sec；另外，SOCKSv5 协议则在 TCP 层实现数据安全。

# 五、煤矿信息化平台的管理

## （一）煤矿信息化组织机构

煤炭企业的信息化建设是在煤矿信息化领导小组的领导下，由煤矿信息中心全面负责。煤矿信息中心为煤矿信息化发展提供信息技术管理与服务，并为煤矿信息化建设的发展提供全面的规划与引导。

### 1.信息化领导小组

信息化工程是一个涉及企业内各业务部门的庞大的系统工程，是一项长期的工作，需要企业决策层的高度重视。根据许多企业的经验，要保证信息化建设取得成功，必须建立由煤炭企业一把手主管、有主管副总和各主要业务部门一把手参加的"企业信息化领导小组"，负责煤矿信息化工程的决策和协调工作。

信息化领导小组按照国家安全生产监督管理总局信息化工作基本方针政策和政府系统信息化建设的总体目标，组织研究拟定集团煤矿安全监察、监管系统信息化建设发展规划、方案并组织实施；统一规划和推进煤矿信息化工作，完善协调机制，统筹协调政策、资金、市场等各方面资源，确保信息化建设人、财、物的投入，审批管理制度、绩效考核办法、督导信息化建设过程，全面指导和推动煤矿信息化建设。

### 2.信息中心

信息中心的职责是根据信息化领导小组的要求，制定企业阶段性信息化工作规划、具体执行各项信息化建设任务。负责煤矿企业通信、计算机、监测监控工作的规划、协调、服务、监督和管理，负责传输、交换以及数据网络的建设和各项管理业务应用系统的开发与维护，负责企业信息安全管理与实施以及信息化培训工作等。

信息中心的职责在信息化建设中也应当从单纯的技术服务向管理服务、决策参谋服务等功能转换。信息中心辅助完成生产、管理、经营中产生的大量信息的管理、挖掘和分析，给领导小组提供决策的依据。为适应大量信息系统的应用，信息中心组织专家和业务部门研究建立数学模型、引入专业的数据分析方法，进行深层次的数据挖掘和数据分析应用，寻找隐性的事件关系，为煤炭企业管理改进、寻求最佳参数、分析预测、辅助决策提供支持。

信息中心常设的部门主要包括：调度中心、基础网络部、运维管理部、工程部、应用系统部、技术开发部等。

（1）调度中心负责通过煤炭企业调度大屏及监视器所反映的各种安全生产信息进行调度指挥，当系统出现异常信息、报警信息或图像、监控数据异常时，要及时通知现场、相关单位及有关领导进行处理。

（2）基础网络部负责信息技术中心和调度中心数据通信网的建设、规划以及数据通信设备运行维护工作等。

（3）运维管理部负责保障煤炭企业信息化支撑环境的正常运转、网络与信息系统安全，维护煤炭企业数据中心和信息化核心设备的安全。

（4）工程部负责煤炭企业信息网络的传输线路、传输设备、用户线路、用户终端的维护，以及用户的其他服务工作。

（5）应用系统部主要负责煤炭企业信息的采集、发布，应用系统开发规划与维护，为应用系统的正常运行提供支持，承担应用系统方面的培训工作；负责信息系统的权限管理、数据维护、信息安全管理。

（6）技术开发部根据应用部门的需求进行应用系统调整、报表配置等二次开发，提高软件系统的可用性、延长其生命周期。在软件实施过程中，监督软件系统是否满足业务需求，确认关键节点工作成果，并推动系统的上线运行。

### 3. 信息技术人员培训

煤矿信息化的顺利实施和平稳运行不仅仅只关系到操作人员，也与煤炭企业全体员工对信息系统的认知程度、支持程度密切相关。因此，必须面向全体员工，分不同层次，系统的开展煤矿信息化培训工作。

制定良好的信息化培训体系，是合理制定阶段培训计划的依据，是完成信息化各阶段目标和工作重点的重要保证。通过持续的信息化培训，逐步深入信息化工作，激发全员信息化工作的参与热情，实现知识转移的目的。

培训可以分为四个层次，高层培训、管理层培训、操作层培训、专业干部技术培训。

（1）高层培训

高层培训是为了充分地了解以煤炭企业管理信息系统为核心建立的煤炭企业新的业务流程，并有力度推进业务融合中出现的问题、积极调整煤炭企业结构向信息化方向迈进，明确如何利用信息为煤炭企业决策提供帮助。培训对象包括煤炭企业高层管理人员和煤炭企业信息化关键部门主管。

培训的主要内容包括管理信息系统的基本知识、企业信息化核心价值、信息化建设整体建设思路、信息化建设阶段目标、信息化建设中绩效管理方法、管理改进方法、信息化风险控制方法和运用信息系统提供辅助决策支持的方法。

通过高层培训，使企业各级领导掌握正确的信息化项目实施方法，保证企业各有关部门与人员参与的力度和时间。

（2）管理层培训

管理层培训主要是熟悉全面的煤矿生产与管理业务流程与本部门工作相关的信息系统的操作，掌握利用信息系统进行数据分析，改善业务绩效，优化本部门业务流程。培训对象包括煤炭企业各部门管理人员和业务骨干。

培训的主要内容包括企业信息化原理、业务流程分析设计方法、信息编码与企业标准化、信息安全管理与数据准备、应用软件操作与业务管理、绩效评价、信息化程度评价方法、项目管理与实施方法、管理改进方法、培训方法等。

（3）操作层培训

操作层培训的主要目的是熟悉本部门业务流程与本岗位信息系统的操作，掌握与本岗位有关的信息查询与分析方法，改进工作，提高效率，掌握及时。培训对象为各部门业务骨干和业务操作人员。

培训的主要内容主要包括应用软件操作、信息安全基本知识、计算机基础知识等。

（4）专业干部技术培训

面向信息化专业干部的技术培训，主要目的是使其熟悉企业信息化方面所要求的技术与技术管理内容，掌握本岗位主要职责和次要职责所要求的技术能力。培训对象为信息技术中心及各子公司信息中心业务人员。

培训课程内容主要包括应用软件基本操作、数据库应用、网络管理、信息安全管理、系统软件应用、软件二次开发技术、报表弁发工具、系统管理、工作规程、日常问题处理等。

## （二）煤矿信息化管理制度

### 1. 数据网络管理制度

煤矿数据网络是为煤矿办公、生产和行政管理建立的计算机信息网络，其目的是利用先进实用的计算机技术和网络通信技术，实现矿内计算机联网、信息资源共享、上传安全数据及生产监测情况，以及与上级主管单位实现办公自动化，并可以与互联网相连，给煤矿领导与员工提供方便、快捷、现代化的办公环境。

（1）煤矿数据网络工作人员必须遵守《中华人民共和国计算机信息系统安全保护条例》《中华人民共和国计算机信息网络国际联网管理暂行规定》和国家有关法律法规。

（2）信息中心负责网络的整体规划及相应的应用系统建设，网络运行维护与用户管理。

（3）网络的安全监察工作由信息网络维护人员负责，所有使用网络的用户必须接受维护人员的监督检查，并给予配合。

（4）网络的 IP 地址由信息中心统一管理、分配，按网段及计算机名分配到各部门及单位，并将 IP 地址使用情况及计算机 MAC 地址备案。

（5）各部门及单位应结合保密要求，制定计算机及信息安全保密管理的具体措施，严禁在网上发布涉及煤矿机密的信息。

（6）各部门及单位计算机用户必须对所提供的信息负责，不得利用计算机网络从事危害国家安全、泄露国家机密的活动；不得查阅、复制和传播有碍社会治安的信息。

（7）各部门及单位计算机用户如果在网络上发现有碍社会治安和不健康的信息，有义务及时地向上级报告并自觉销毁。

（8）各部门及单位计算机一旦发现病毒，必须立即停止上网，直至彻底清除病毒。若系统发现无法清除的病毒，必须向信息技术中心汇报。

（9）煤矿数据网络上严禁下列行为：

①查阅、复制或传播下列信息：煽动抗拒、破坏宪法和国家法律、行政法规实施；煽动分裂国家、破坏国家统一和民族团结、推翻社会主义制度；泄露煤矿生产及运营管理等各种机密数据；捏造或者歪曲事实，散布谣言扰乱社会或企业秩序；侮辱他人或者捏造事实诽谤他人；宣扬封建迷信、淫秽、色情、暴力、凶杀、恐怖等。

②破坏、盗用煤矿数据网络中的信息资源和危害数据网络安全的活动。

③盗用他人账号、盗用他人 IP 地址。

④故意制作、传播计算机病毒等破坏性程序。

⑤干扰网络用户、破坏网络服务和网络设备。

⑥以端口扫描等方式，破坏网络正常运行。

⑦散布计算机病毒。

⑧擅自修改计算机的 IP 地址、用户名称及工作组。

⑨未经批准私自购置交换机连接上网。

（10）矿井安全监测机房、调度通信系统、人员定位系统、自动化控制系统、压风机房监测、工业电视系统视频服务器及各要害部门的控制用服务器严禁连接外部网络及使用相关移动存储设备。

**2. 计算机操作管理制度**

（1）各部门以及单位相关人员上班时间严禁在计算机上玩游戏或进行娱乐活动。各系统服务器不得连接外部存储设备。

（2）计算机内储存的重要数据，各部门负责人应该联系信息化管理人员对其进行备份存储，以有效避免因设备故障或操作不当导致数据丢失。

（3）除计算机管理人员外，任何人不得擅自拆装计算机及相关设备。

（4）计算机或应用程序账号不得告诉无关人员，自己的计算机或应用程序账号由个人保管，如有泄密，应及时更改，否则如发生纠纷和损失，将追究当事人责任。

（5）保持计算机及相关设备的清洁，下班时必须关闭计算机，并关好门窗，防止丢失、雨淋、暴晒等。

（6）未经管理人员允许，任何人不得拆装计算机及相关设备，删除系统文件、应用软件，改动计算机的系统设置。

（7）维修人员定期对单机、网络进行测试、杀毒。

（8）外来技术人员进行维护工作时，须由各系统管理人员陪同并上报信息技术中心批准。

**3. 网络硬件设备管理制度**

（1）工作人员必须熟知机房内设备的基本安全操作和规则。

（2）工作人员应定期检查、整理硬件物理连接线路，定期检查硬件运作状态（如设备指示灯、仪表），定期调阅硬件运作自检报告，从而及时地了解硬件运作状态。

（3）禁止随意搬动设备，随意在设备上进行安装、拆卸硬件，随意更改设备连线，随意进行硬件复位。

（4）禁止在服务器上进行试验性质的配置操作，需要对服务器进行配置，应在其他可进行试验的机器上调试通过并确认可行后，才能对服务器进行准确的配置。

（5）对会影响到全局的硬件设备的更改、调试等操作应预先发布通知，并且应有充分的时间、方案、人员准备，才能进行硬件设备的更改。

（6）对重大设备配置的更改，必须首先形成方案文件，经过讨论确认可行后，由具备资格的技术人员进行更改和调整，并做好详细的更改和操作记录。

（7）硬件设备的更改、升级、配置等操作之前，应对更改、升级、配置所带来的负面后果做好充分的准备，必要时需要先准备好后备配件和应急措施。

（8）不允许任何人在服务器、交换设备等核心设备上进行与工作范围无关的任何操作。未经上级允许，更不允许他人操作机房内部的设备，对于核心服务器和设备的调整配置，更需要信息技术中心负责人同意后方可进行。

（9）注意和落实硬件设备的维护保养。

### 4. 应用软件管理制度

（1）必须定期检查应用软件的运行状况，定期调阅软件运行日志，进行数据和软件日志备份。

（2）禁止在服务器上进行试验性质的软件调试，禁止在服务器上随意安装软件。需要对服务器进行配置，必须在其他可进行试验的机器上调试通过并确认可行后，才能对服务器进行准确的配置。

（3）对会影响到全局的应用软件更改、调试等操作应先发布通知，并且应有充分的时间、方案、人员准备，才能进行应用软件配置的更改。

（4）对重大应用软件配置的更改，应先形成方案文件，经过讨论确认可行后，由具备资格的技术人员进行更改，并做好详细的更改和操作记录。

（5）对应用软件的更改、升级、配置等操作之前，应对更改、升级、配置所带来的负面后果做好充分的准备，必要时需要先备份原有软件系统和落实好应急措施。

（6）不允许任何人员在服务器等核心设备上进行与工作范围无关的应用软件调试和操作。

（7）未经上级允许，不允许带领、指示他人进入机房，对网络及软件环境进行更改和操作。

（8）严格遵守张贴于相应位置的安全操作、警示以及安全指引。

### 5. 数据中心管理制度

（1）制定及完善煤矿企业数据中心规划，负责煤矿企业数据库系统的建设与验收。

（2）编制煤矿企业信息数据库标准规范，全面考虑煤矿业务信息种类、下属单位、信息设备的编码需要，确保编码标准的唯一性、完备性、规范性和可扩展性。

（3）负责煤矿数据中心信息数据的采集、存储、容错、备份及网络应用软件的协调统一。

（4）负责企业数据库系统的建立、使用、管理及维护的技术业务指导，编制有关数据库文件说明。

（5）负责各业务系统前期数据架构的设计，信息流规划，统一各业务系统基础数据，协调数据协作平台建设。

（6）负责各业务系统信息数据统一管理，合理分配各业务系统数据资源，划分各用户对数据资源的访问权限。

（7）数据中心数据备份容灾系统，应由专职人员负责，必须做好两个或两个以上的备份副本，并将其分别存储于本地磁盘介质，再将备份的副本通过网络传到异地集中保存。

（8）负责数据中心数据信息的安全保密工作。

### 6. 矿井自动化系统管理制度

为确保矿井综合自动化系统的顺利运行，及时解决运行期间遇到的所有问题，以免影响日常生产的正常运作，就系统运行期间的有关工作，特制定本管理办法。

（1）在系统运行期间，应做到每天定时查看系统运行状况，对服务器及网络设备进行查看，及时地处理由硬件及线路故障引起的缺陷。

（2）系统运行期间，使用人员每天打开系统，对系统数据进行核对，确保回传数据有效，真实地反应井下监测的状态。

（3）系统运行期间，对于系统操作不熟悉的人员，各部门统一提出，报信息中心，根据人数及岗位，信息中心负责安排集中培训或单个辅导。

（4）对于系统本身存在的缺陷或不足，使用人员发现后尽快反映，信息中心将在问题提出后抓紧联系厂家解决，不能解决的给出必要的答复及替代办法。

（5）井下设备应定期巡检，对电力监测、水泵控制、风机监测、副井提升、安全检测、主皮带监控等系统的采集设备进行维护保养，保障数据的有效性。

（6）各施工单位应注意对地面及井下传输光缆的保护，如因施工造成传输故障、线缆设备损坏及时报信息中心修复。

（7）各部门应注意保护地面及井下相应安装地点的摄像头。

（8）各使用单位或个人不得私自切断采集设备以及监控装置的供电电源。

（9）被查出故意破坏设备者，按煤矿相关管理办法严肃处理。

### 7. 工业电视系统管理制度

（1）煤矿工业电视系统由信息中心统一管理和维护，各部（室／队）不得私自拆卸摄像头，移动传输设备。

（2）各部门或单位工业电视由专人负责日常的使用和保养，如需要增设须报信息中心批准建设。

（3）各施工单位应注意对现场工业电视传输光缆的保护，如因施工造成传输故障、线缆设备损坏及时报信息中心修复。

（4）各使用单位应注意保护相应安装地点的摄像头，造成设备丢失的按设备价格赔偿。

（5）各使用单位或个人不得私自切断摄像头供电电源，被查出故意破坏设备者，按煤矿相关管理办法严肃处理。

**8. 调度通信系统管理制度**

（1）调度电话和 IP 语音广播的安装由信息中心统一管理，各部门不得私自装机、并机、移机、拆机。

（2）通信主干线由信息中心负责维护，各单位使用话机和线路由使用单位负责维护管理，主干线路的电话分线箱各使用单位不得私自拆卸。

（3）井下及煤流线各使用单位责任范围内的通信缆线、电话必须按标准化要求悬挂电话、接线盒、分线盒，不能受水淋、损坏。

（4）通信缆线的连接必须使用接线盒，不得造成缆线、话机失爆或缆线接头不合格。

（5）通信故障经查实属使用单位维护不到位或者人为造成话机、线缆损坏、丢失的严格处理。

（6）井巷施工时施工单位应注意对现场通信缆线的保护，使用单位要监督施工单位；如因施工造成通信故障，施工单位或使用单位要及时汇报信息中心，以便及时安排处理，并根据故障情况对施工单位给予处理。

（7）各掘进头电话、通信缆线要求按标准悬挂，电话不得随意置于巷道底板。

（8）如果使用单位对自己责任范围内的通信缆线、话机不监督维护导致施工单位破坏了通信系统，将分别处理施工单位和使用单位。

（9）被查出故意破坏通信系统者，按煤矿相关管理办法严肃处理。

**9. 人员定位系统管理制度**

（1）人员定位系统由信息中心按有关规定进行统一登记、注册、发放和管理，各部门负责监督检查。

（2）人员定位卡供全矿人井人员使用，实行一人一定位卡制，卡由佩戴人员妥善保管。不得携带其他人员的定位卡入井。

（3）需配备人员定位卡的人员由单位申请审核，分管领导批准后信息中心方可发放。

（4）配备人员定位卡的人员发生变动时，由其所在单位及时到信息中心进行变更、注销登记；否则由此造成的赔偿责任由该单位承担，且单位负责人承担连带责任。

（5）人员定位卡的配备人员应按其使用说明进行操作，不得拆卸、损坏、丢失，如果发现以上问题必须照价赔偿。丢失或损坏严重的，对单位进行考核，单位负责人承担连带责任。

（6）矿井人员定位通信设施要进行统一管理和维护，各施工单位应注意对现场传输线缆的保护，任何单位及个人不得私自拆卸相关设备基站。

（7）人员定位卡发生故障时，及时与信息中心取得联系，便于维修与更换。

（8）人井考勤的管理部门为调度中心，人员定位卡将作为员工人井考勤的主要依据。

调度中心每日对前一天技术员以上管理人员的入井情况进行通报，其他入井人员于每月底进行统计，上报综合部进行考勤。

（9）因系统问题造成的考勤数据丢失，经查明原因后报信息中心，由调度中心给予补充完善。

**10. 资料文档管理制度**

（1）信息中心的资料和文档等必须有效组织、整理和归档备案。

（2）禁止任何人员将信息中心的资料、文档、数据、配置参数等信息擅自以任何形式提供给其他无关人员或向外随意传播。

（3）对于牵涉网络安全、数据安全的重要信息、密码、资料、文档等必须按照保密等级和制度妥善存放。

（4）外来工作人员的确需要翻阅文档、资料或者查询相关数据的，应由信息技术中心相关负责人代为查阅，并只能向其提供与其当前工作内容相关的数据或资料。

（5）重要资料和文档应采取相应的技术手段进行加密、存储和备份。

（6）公司任何个人或部门非经允许不得销毁公司档案资料。

（7）凡属于密级的档案资料必须由主管领导批准方可销毁；一般的档案资料，由部门负责人批准后方可销毁。

（8）在销毁公司档案资料时，必须由主管领导或部门负责人指定专人监督销毁。

# 第四节　煤矿信息化平台技术创新

## 一、煤矿信息化平台新技术

煤矿信息化平台的主要任务就是利用电子信息技术提升和再造煤炭企业生产流程，加快煤炭工业的技术创新、管理创新和体制创新，提高生产力水平和经济效益，以确保安全生产，提高企业的市场竞争力，整体优化升级传统的煤炭工业。本节将重点介绍煤矿物联网、煤矿云计算平台、煤矿大数据和煤矿移动安全管理这四种重要的新技术。

### （一）煤矿物联网技术

#### 1. 物联网的定义

物联网定义为利用局部网络或互联网等通信技术把传感器、控制器、机器、人员和物等，通过新的方式连在一起，形成人与物、物与物相连，实现信息化、远程管理控制和智能化的网络。物联网是互联网的延伸，它包括互联网及互联网上所有的资源，兼容互联网所有的应用，但物联网中所有的元素（所有的设备、资源及通信等）都是个性化和私有化的。

物联网也可以理解为物物相连的互联网。这有两层意思：其一，物联网的核心和基础仍然是互联网，是在互联网基础上延伸和扩展的网络；其二，其用户端延伸和扩展到了任何物品与物品之间进行信息交换和通信。物联网通过智能感知、识别技术与普适计算广泛应用于网络的融合中，也因此被称为继计算机、互联网之后世界信息产业发展的第三次浪潮。

物联网技术主要应用于矿山的以下系统：井下人员环境感知系统、设备状态感知系统、矿山灾害感知系统、骨干传输及无线传输网络、感知矿山信息集成交换平台、感知矿山信息联动系统、基于 GIS 的井下移动目标连续定位及管理系统、基于虚拟现实的感知矿山三维展示平台以及感知矿山物联网运行维护管理系统等。

**2. 物联网的技术架构**

根据信息生成、传输、处理和应用的原则，可以把物联网分为四层，感知识别层、网络构建层、管理服务层和综合应用层。

（1）感知识别层。感知识别是物联网的核心技术，是联系物理世界和信息世界的纽带。感知识别层的作用相当于人的眼耳鼻喉和皮肤等神经末梢，它是物联网获识别物体，采集信息的来源，其主要功能是识别物体，采集信息。感知识别层既包括射频识别（RFID）、无线传感器等信息自动生成设备，同时也包括各种人工生成信息的智能电子产品。RFID 是能够让物品"开口说话"的技术：RFID 标签中存储着规范而具有互用性的信息，通过无线数据通信网络把它们自动采集到中央信息系统，实现物品的识别和管理。无线传感器网络主要通过各种类型的传感器对物质性质、环境状态、行为模式等信息进行大规模、长期、实时的获取。

（2）网络构建层。网络构建层的主要作用是把下层（感知识别层）数据接入互联网，以供上层服务使用。网络构建层的作用相当于人的神经中枢，负责传递感知层获取的信息。由于物联网网络构建层是建立在 Internet 和移动通信网等现有网络的基础上，除具有目前比较成熟的如远距离有线、无线通信技术和网络技术外，为实现"物物相连"的需求，物联网网络构建层将综合使用 IPv6、2G/3G、WiFi 等通信技术，实现有线与无线的结合、宽带与窄带的结合、感知网与通信网的结合。

（3）管理服务层。它是在高性能计算和海量存储技术的支撑下，将大规模数据高效、可靠地组织起来，为上层综合应用提供智能的支撑平台。管理服务层的作用相当于人的大脑，负责处理网络层传递的信息。面对海量信息，如何有效地组织和查询数据是管理服务层要解决的核心问题。除此之外，信息安全和隐私保护变得越来越重要，如何确保数据不被破坏、不被泄露、不被滥用成为物联网面临的重大挑战。

（4）综合应用层。综合应用层从早期以数据服务为主要特征的文件传输、电子邮件，到以用户为中心的应用（如万维网、电子商务、视频点播、在线游戏、社交网络等），再发展到物品追踪、监控服务、环境感知、智能物流、智能交通、智能电网、智能家居、公共安全等，网络应用数量激增，呈现多样化、规模化、行业化等特点。综合应用层将物联网技术与行业专业领域技术相结合，实现广泛智能化应用的解决方案集。综合应用层的关键问题在于信息的社会化共享以及信息安全的保障。

物联网各层之间既相对独立又紧密联系。在综合应用层以下，同一层次上的不同技术互为补充，可适用于不同环境，构成该层次技术的全套应对策略。而不同层次提供各种技术的配置和组合，根据应用需求，构成完整的解决方案。但是，优化的协同控制与资源共享首先需要设计一个合理、优化的顶层系统来为应用系统提供必要的整体性能保障。总而言之，技术的选择应以应用为导向，根据具体的需求和环境选择合适的感知技术、联网技术和信息处理技术。

### 3. 物联网的本质及其特征

物联网的本质概括起来主要体现在三个方面：一是互联网特征，即对需要联网的"物"一定要能够实现互联互通的互联网络；二是识别与通信特征，即纳入物联网的"物"一定要具备自动识别与物物通信（M2M）的功能；三是智能化特征，即网络系统应具有自动化、自我反馈与智能控制的特点。这里的"物"要满足以下条件才能够被纳入物联网的范围：要有相应信息的接收器，要有数据传输通路，要有一定的存储功能，要有 CPU，要有操作系统，要有专门的应用程序，要有数据发送器，要遵循物联网的通信协议，要在世界网络中有可被识别的唯一编号。

物联网的基本特征可归纳为全面感知、可靠传递、智能处理。

（1）全面感知，即物联网需要利用 RFID、传感器、二维码等智能感知设备即时感知、获取物体的相关信息。

（2）可靠传递，即通过各种信息网络和互联网的融介，将物体的信息实时可靠地传输出去。

（3）智能处理，即依靠物联网本身的智能性，利用数据融介及处理、云计算、模糊识别等各种智能计算技术，对海量信息进行分析、融介和处理，对物体实施智能化的控制。

除了上述三个明显的基本特征之外，与接入网、互联网等其他网络相比，物联网还有两大特征：泛在化与智能化。

### 4. 如何加强煤矿物联网建设

我国物联网的标准仍在制定中，相关技术并未发展成熟，大部分的业务仍然是数据采集应用的扩展。当前的信息手段只能进行初步的信息采集和处理，无法实现智能决策分析。利用煤矿物联网的感知系统可实现对人、物、环境三个要素的有效监控和检测，超前预防事故。从而实现由"间断性检查"向"连续实时监控"的转变，由认为判断向智能分析转变，以及应急救援由事后反应向自动响应的转变。要在安全生产中实现更加"智能"和"物与物对话"，需要进一步做好以下基础工作：

（1）研发大量性能可靠、价格低廉、能耗较低、精度较高、适合煤矿井下环境和规范的智能传感器件。

（2）建设分布式、可移动、自组网的煤矿信息采集平台，研究矿井复杂环境下无线传感网技术以及局部地区发生灾害后的网络重构技术。

（3）开展矿井复杂环境下的安全信息获取技术、安全信息识别与处理技术、矿井灾害预警预报等关键前沿技术的研究。

（4）对人员安全环境感知技术与终端设备和生命探测技术进行研究，拓展一些物联网技术，用以对采掘、提升、运输、通风、排水、供电等关键生产设备进行状态监测和故障诊断。

（5）加强煤矿物联网综合应用层软件的功能，使其能够更加灵活地对采集的数据进行分析、关联、应用。

（6）制定并形成真正适合于煤炭行业安全发展的物联网技术标准。

## （二）煤矿云计算平台

云计算是传统计算机技术和网络技术发展融合的产物。它旨在通过网络把多个成本相对较低的计算实体整合成一个具有强大计算能力的完美系统，并借助软件及服务、平台及服等先进的商业模式提供给用户所需的计算力、存储空间、软件功能和信息服务等。

煤矿云计算平台的超算中心通过发展客户群让多个用户来分担超级计算机的成本，使煤炭企业在不拥有计算设备的情况下，通过利用煤矿云计算平台提供的计算能力（包括处理器、内存、存储、网络接口），以较小的成本完成海量监测监控数据的计算任务，从而准确可靠地感知矿山灾害风险，有效地预防和及时处理各种突发事故和自然灾害，使矿井生产安全可靠。

云计算可实现前端统一管理，超强的计算能力、超大的存储空间是其优势。煤炭企业云计算平台的特点如下：

（1）数据的高度可管、可控性。云计算提供了最可靠、最安全的数据管理中心，所有数据统一存储在前端云服务器中，所有的用户授权信息、业务数据都将存储在高度设防的服务器群里面。煤炭行业用户只需要安排专业的服务器维护人员进行更新和保护，即可在前端实现所有业务系统的管理。

（2）终端设备投入成本最小化。在当前数据中心管理中，不同地域、不同品牌的终端设备之间不具有良好的互通性，繁冗的系统集成及升级工作增加了运营维护的成本。云计算的超强计算能力可将终端设备的部分功能前移，从而可以将终端的设备要求降至最低。在云计算充分发展的情况下，所有的功能模块集成、软件升级，全部在"云端"由专门的服务器组完成，用户用最简单的操作、最低的成本即可完成协同办公任务。

（3）适合业务的发展需求。终端用户不必携带专用的设备，在任何一个连接云计算服务的客户端设备，如 PC、智能手机等，都可以通过浏览器进行登录，来延续中途暂停的未完成办公业务。

云计算的这些特性，使煤炭企业解决业务资源整合问题成为了可能，在技术不断进步的背景下，煤矿云计算平台具有无限的发展空间。

## （三）煤矿大数据技术

煤矿安全生产物联网中的综合应用层实现远程监测与控制、安全事故应急指挥、数据上报与信息共享等功能。综合应用层的种类繁多，数据量庞大，因此，以云计算为框架进行规划，搭建统一的数据存储中心、数据共享中心、视频转发平台和统一展现门户等能够为海量数据处理与应用,特别是实现数据挖掘与灾害预警提供统一、可靠、快捷的业务功能。

大数据处理本质上是多种技术的集合，主要包括数据分析技术、存储技术、数据库技术和分布计算技术。大数据处理之所以被广泛应用是因为云计算技术提供了廉价获取巨量计算和存储的能力，因此，企业不需要建立专门的数据处理中心，但能够完成实时海量数据的流通与综合挖掘处理，为矿山信息系统的智能化应用提供强大的技术支撑。煤炭大数据技术主要包含以下几部分：

### 1. 数据采集

利用多个数据库来接收发自客户端（Web、APP 或者传感器形式等）的数据，负责将煤炭企业分布的、异构数据源中的数据（如关系数据、平面数据文件等）抽取到临时中间层后进行简单清洗、转换、集成，最后加载到数据仓库中，成为联机分析处理、数据挖掘的基础。在大数据的采集过程中，其主要特点和挑战是并发数高，如瓦斯、通风等环境监测信息采集点众多，所以需要在采集端部署大量数据库才能支撑，并且如何在这些数据库之间进行负载均衡和分片还需要进一步思考和设计。

### 2. 导入与预处理

虽然采集端本身有很多数据库，但是如果要对这些海量数据进行有效的分析，还是应该将这些来自前端的数据导入到一个集中的大型分布式数据库，或者分布式存储集群，并且可以在导入基础上做一些数据清洗和预处理工作。也有一些用户会在导入时使用流式计算，以满足部分业务的实时计算需求。导入与预处理过程的特点和挑战主要是导入的数据量大，每秒钟的导入量经常会达到百兆，甚至千兆级别。

### 3. 统计与分析

统计与分析主要利用分布式数据库，或者分布式计算集群来对存储于其内的海量数据进行普通的分析和分类汇总等，以满足大多数常见的分析需求，比如，对煤炭企业的监测与运营数据采用智能算法进行分析和提炼，得到最有价值的数据。统计与分析这部分的主要特点和挑战是分析涉及的数据量大，其对系统资源，特别是 I/O 会有极大的占用。

### 4. 数据挖掘

与前面统计和分析过程不同的是，数据挖掘一般没有什么预先设定好的主题，主要是在现有数据上面进行基于各种算法的计算，从而起到预测的效果，实现一些高级别数据分析的需求。通过智能信息处理与分析算法，将煤炭企业的最有价值的数据进行深度挖掘，得到安全监测或运营财务等数据的一般性规律和差异化特征，为企业的运行提供科学的依据。其主要包括数据分类、估计、预测、相关性分组或关联规则、聚类、描述和可视化、复杂数据类型挖掘（Text、Web、图形图像、视频、音频）等。该过程的特点和挑战主要是用于挖掘的算法很复杂，并且计算涉及的数据量和计算量都很大。

### 5. 可视化分析

大数据分析的使用者有大数据分析专家，同时还有煤炭企业的普通管理人员，但是他们两者对于大数据分析最基本的要求就是可视化分析，因为可视化分析能够直观地呈现大数据特点，同时能够非常容易被读者所接受，就如同看图说话一样简单明了。

整个大数据处理的普遍流程至少应该满足这五个方面的步骤，才能算得上是一个比较完整的大数据处理。

## （四）煤矿移动安全管理技术

### 1. 实现煤矿移动安全管理的意义

随着煤炭企业的发展，分支机构越来越多，员工分布也越来越广，急需一种便捷、灵活和具有跨地域性的管理方案，使员工无论身在何处，都能实现员工与员工之间，企业与业务伙伴之间的相互交流和沟通。移动化安全管理能够有效提高办公效率，降低管理成本，提升服务质量。当发生突发和意外情况时，能在事件发生的最短时间内上报、传达给企业内部的相关人员，相关人员和领导层能不受地点的限制，快速、及时对突发和意外情况作出指示和决定。

煤矿移动安全管理是建立一套以手机等便携终端为载体实现的移动信息化系统，系统将智能手机、无线网络、OA系统三者有机地结合，实现任何办公地点和办公时间的无缝接入，提高办公效率。它可以连接煤炭企业原有的各种IT系统，其中包括OA、邮件、ERP以及其他各类个性业务系统。可使手机用以操作、浏览、管理公司的全部工作事务，从而提供一些无线环境下的新特性功能。其设计目标是帮助用户摆脱时间和空间的限制，随时随地随意地处理工作，提高效率、增强协作。

### 2. 煤矿移动安全管理的特点

（1）及时性。煤矿移动安全管理系统与企业内部在PC上使用的OA系统和安全管理系统完全同步，不但能实时地接收企业内外邮件和企业内部OA系统发来的"待办事项"，且系统实时自动提醒用户，无须用户主动查看。在保证用户及时看到工作信息的同时，本系统还提供实时办理和回复功能，真正确保处理工作的及时性。

（2）方便性。煤矿移动安全管理系统发的移动办公邮件可以让您在任何有手机信号的地方如同在办公室使用 PC 一样处理自己的工作和查询公司的生产管理系统，且不依赖于 Internet 的接入，也不像 Wap 要长时间的等待大量数据下载。无论是在出租车上，还是在候机厅，随时都可以拿出手机处理工作。

（3）规范性。煤矿移动安全管理为高层管理人员提供和 PC 上完全一样规范的文件审批操作，使管理人员不再使用电话或短信审批重要事件，也不用再将 OA 密码告诉别人，让其代为处理紧急事件，确保企业管理的规范性。完整的工作流处理过程记录，使 OA 上审批过的文件记录与 PC 上审批的文件记录别无两样。

（4）全面性。煤矿移动安全管理系统的移动办公软件不但提供企业内外生产管理系统这样常用的查询，甚至企业组织架构、部门信息也一应俱全。最重要的是，本系统具备跨库搜索企业内部资料的强大功能，只要是企业内部 OA 拥有的文档资料，不管存放在哪个资料库，只需键入关键字，就能找到想要的文档资料。

# 二、数字化矿山技术

## （一）数字化矿山（数字矿山）概念的提出

数字地球是一个以地球坐标为依据的、具有多分辨率的海量数据和多维显示的地球虚拟系统。数字地球和数字中国战略的提出，以及数字农业、数字海洋、数字交通、数字长江、数字城市等一系列数字工程的实施，不断地激励广大矿业科技工作者去做关于矿山信息化和传统矿山创新发展的思考。受数字地球与数字中国概念的启发，在矿山 GIS 研发与矿山信息技术推广应用的基础上，吴立新等一批中国学者开始形成了数字矿山的理念与设想，率先提出了数字矿山的概念，并围绕矿山空间信息分类、矿山空间数据组织、矿山 GIS 等问题进行了分析和讨论。简而言之，数字矿山是对真实矿山整体及相关现象的统一认识与数字化再现，同时也是数字矿区和数字中国的一个重要组成部分。

### 1. 数字矿山的定义

数字矿山的定义为：基于统一时空框架的矿山整体环境、采矿活动及其相关现象的数字化集成与可视化再现。据此分析，数字矿山概念的本质可概括为：以地质、测量、采矿、资源环境、安全监测、信息系统和决策科学为学科基础，以遥测遥控、网格 GIS 和无线通信为主要技术手段，在统一的时空框架下，对矿山地上地下整体、采矿过程及其引起的相关现象进行全面监控、统一描述、数字表达、精细建模、虚拟再现、仿真模拟、智能分析和可视化决策，保障矿山安全、高效、绿色、集约开采和多联产，实现采矿自动化、智能化以至无人矿井。

### 1. 数字矿山的基本模式

设想未来数字矿山的基本模式如图 4-1 所示。

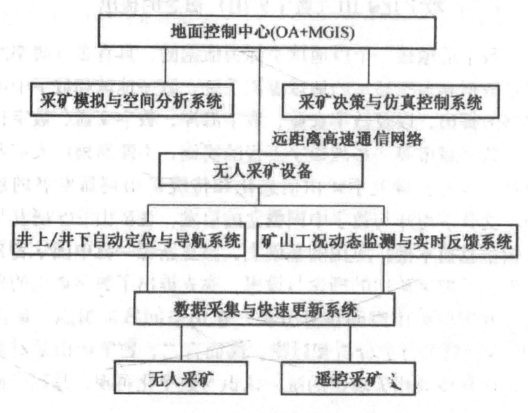

图 4-1　数字矿山的基本模式

### 3. 数字矿山的特性

数字矿山具有三大特性数据资源特性、信息基准特性和可视平台特性。

（1）数字矿山的基本组成是以矿山空间数据仓库为核心的 MSDI。因此，面向数字矿山的矿山空间数据仓库首先应是矿山各类数据与信息收集、整理、管理、分发与交换的中心。矿山数据具有多尺度性、现势性和共享性。其中，多尺度性表现为数据比例尺与数据对象的多样化，其中包括从微观的矿物粒子到宏观的矿体矿床、从二维的平面表达到三维的立体表达、从精细的工程结构到粗略的地质构造；现势性表现为矿山数据不仅是历史资料的堆积，而且要随时表达矿山的当前状态，因而，要随着矿山开采与影响过程对数据库进行持续的动态更新；共享性表现为矿山基础数据的横向共享和纵向共享，所谓横向共享是跨科室、跨部门的数据共享利用，所谓纵向共享是指跨阶段、跨时期的数据共享利用。矿山基础数据要服务于从地质勘探、井田规划、矿山设计、矿井生产、安全监控、生产管理到环境恢复的矿山整个生命周期。

（2）数字矿山作为基于统一时空框架的矿山整体环境、采矿活动及其相关现象的数字化集成与可视化再现，必须具备矿山信息的基准特性。据此，方可为各类矿山实体、活动、现象的表达与过程描述提供统一的空间框架、时间基准和分类编码标准，实现地质、测量、采矿、通风、安全、环境等各类矿山信息的时空配准与统一组织。进而，方可支持矿山实体的无缝集成建模、矿山数据的统一管理和融合同化、矿山过程的连续表达、矿山现象的定量处理、矿山信息的灵性服务，以及各类动、静态矿山信息的相互参照。

（3）数字矿山不仅要提供一个三维的可视化矿山模型，而且要形成真实感强的矿山三维虚拟现实环境。在此开放式可视化平台支持下，实现矿山规划、采掘设计、生产管理、安全监控、决策指挥等生产过程的可视化作业；并实现矿山多源复杂数据的融合与同化、矿山数据挖掘与知识发现、矿山设计与采掘模拟、采矿仿真与安全分析、开采优化与最优决策等科研行为的可视化研究。

## （二）数字化矿山技术的功能

纵观矿业发达国家的实践，对于矿山企业，数字矿山的主要功能可以归纳为以下几点：

### 1. 塑造矿山企业新形象，提高市场竞争能力

通过数字化矿山基础设施网络的建设，矿山企业可以建设自己的企业网络和企业网站，并与 Internet 连接，进而实现在网上塑造企业形象，公布企业发展举措，提高企业凝聚力和影响力，营造良好的企业内部环境和外部环境；在网上发布矿产品信息，宣传和推介自己的产品，扩大企业的知名度和市场；进行电子商务，在网上进行矿产品交易、设备与材料采购，降低经营成本，提高企业利润；融入矿产资源与矿产品全球化环境，及时地发现新机遇和潜在商机，迅速调整产品结构和进行新产品开发，规避市场风险，保障企业健康可持续发展；渗透国内市场，并向国际市场拓展，最大限度地参与全球市场竞争，扩大企业生存与发展空间。

### 2. 优化矿山企业组织结构，提高企业运转效率

传统矿山企业的组织结构是典型的金字塔形，垂向等级之间不透明，横向各部门之间互相隔离，企业总体上就像一个由许多黑屋子组成的金字塔形房屋，上下层之间由楼梯连接，同层之间没有窗户。在这种逐级上传下达、横向不透明的系统中，信息的传递不仅滞缓，而且难免失真，滞缓的信息将导致决策延误、失真的信息将导致决策失误，不利于企业科学管理与长远发展。有了网络和数字化矿山的调度系统，矿山企业各级之间可以纵向直接沟通，科室、部门之间也可以横向直接交流，信息质量将得到提高，信息传输的速度将明显加快。因此，就可以实现矿山企业管理过程的信息化、透明化，从而减少决策失误。随着管理过程信息化的实现，企业的组织结构也将不断得到优化，减少中间环节，逐渐向扁平形的高效组织结构转变。

### 3. 综合利用各类矿山信息，降低企业决策风险

通过数字矿山的数据采集、加工与管理系统的建设，充分地发挥数字矿山的数据资源特性，可以为企业生产与决策提供高质量的数据保障与现势性信息。例如，在矿山建设阶段，可以根据勘探数据模拟矿床三维形态及其地质、水文环境，并进行空间赋存预测与不确定性分析以及经济可采性评价，进而优化开发规划与开拓设计，降低设计的决策风险；

在矿山生产阶段，可根据更精确的资料和不断获得的各类新信息（如掘进揭露和物探揭露的地质资料），进行矿体与矿床模型精细建模、采动影响模拟和灾害隐患分析，动态调整生产布局、优化采掘设计，降低生产决策风险。此外，在矿山管理过程中，还可充分地利用各类与矿山生产经营相关的信息，进行集成融合和多目标分析，帮助企业寻找最佳决策方案，从而进一步降低企业决策风险。

### 4. 实现数字化集成监控，提高矿山防灾减灾能力

通过数字化矿山建设，使得矿山企业的监测监控、通信传输、救灾抢险、指挥调度等装备与能力明显改进，矿山的自动化、信息化、数字化水平大幅度提升。一方面，可通过有线或无线的方式远程监测与控制矿山（矿井）的关键生产设备及其工况，动态优化采矿作业方式和作业参数，避免和降低矿山灾害风险，保障矿山高产、高效和安全生产；另一方面，可以实时监测矿山（矿井）主要作业场所的生产环境，并进行实时的多因子综合分析和安全评价，当危险临近时可及时预警，当灾变发生时可自动启动应急预案，从而为防灾备灾、减灾救灾赢得时间和时机，最大限度地减少矿山人员伤亡与财产损失。

### 5. 实现全方位的数据存储、传输和表述

对矿区地貌和环境、总图布置、矿山地质、开采、加工和经营管理等数据（包括图、文、数字数据），实现全方位的存储、管理和必要的传输，并能够根据数据的性质和需要提供各种必要的表述形式，如查询、制表，形成地图和二维、三维模型等。

### 6. 优化方法在矿山生产经营与决策中发挥作用

例如，露天开采最终境界的优化、基于配矿和成本的采剥（掘）计划的优化（也叫开采顺序的优化）、最佳工业品位的确定、矿量品位计算、自动化调度、最佳设备更新寿命的优化等。优化实际上是在企业层面上为管理和工程技术人员提供科学的决策支持和优选生产方案。发达国家的实践研究表明，优化能够创造巨大的经济效益，这样的效益大多是隐含的，但是实实在在存在的。

### 7. 实现各种设计、计划工作和生产指挥的计算机化和自动化

基于优化结果生成可行的设计与计划方案，不仅是在计算机上完成，而且有较高的自动化程度，使原来手工需几天完成的一个方案在几分钟内即可完成。再如，基于 GPS 的露天矿计算机调度系统，在正常情况下，矿山的产装与运输作业完全由计算机通过无线通信指挥。

### 8. 实现生产工艺的自动化

如选厂工艺流程自动控制；单台设备的数据采集、处理和相关控制；设备远程操作（也称无人驾驶）；全自动机器人矿样化验室等。

## （三）数字化矿山技术的特征

数字化矿山的核心是在统一的时间坐标和空间坐标下，科学合理地组织各类矿山信息，将海量异质的矿山信息资源进行全面、高效、有序的管理和整合。数字化矿山的任务是在矿业信息数据仓库的基础上，充分地利用现代空间分析、虚拟现实、可视化、网络、多媒体和科学计算技术，为矿产资源评估、矿山规划、开拓设计、生产安全和决策管理进行模拟、仿真和过程分析提供新的技术平台和强大工具。

### 1. 网络传输高速化

数字化矿山建设与矿山信息化运行是以高速企业网为基础的。在矿山现有通信网络的基础上改造提升，并与 Internet 对接，逐渐建立宽带、高速和双向的通信网络，是实施数字化矿山和确保海量矿山数据在企业内部、外部快速传递的前提。该项工作要注意与 NSDI 以及数字中国建设相协调，以有利于矿山产品、经营、管理等信息在 Internet 上的快速传递，促进矿山产品的市场营销和参与国际竞争。

### 2. 矿山软件组件化

为满足不断扩展的矿山信息化需求和确保软件模块的复用性，必须采用组件式的软件开发思想，针对不同问题开发适合不同用户、具有不同功能的矿山应用软件，如采矿 CAD（MCAD）、虚拟矿山（VM）、采矿仿真（MS）、工程计算（如矿山有限元、离散元、边界元和有限差分模型等，统称 EC）、人工智能（AI）和科学可视化（SV）等软件工具。利用这些软件系统，不仅可以对采矿活动造成的地层环境影响进行大规模模拟与虚拟分析，而且可对矿工进行虚拟岗前培训以提高矿工的安全意识和防灾减灾能力，并可根据多样化需要随时组合、调整和强化矿山软件系统的功能。

### 3. 矿山数据与模型可靠性

软件的运行和发挥作用离不开数据，数字化矿山的数据仓库由两部分组成，就像人的左右心室：一侧为数据仓库，管理矿山实体对象的海量几何信息、拓扑信息和属性信息；另一侧为模型仓库，管理为矿业工程、生产、安全、经营、管理、决策等服务的各类专业应用模型，如关于开采沉陷计算、开采沉陷预计、顶板垮落计算、围岩运动模型、储量计算、通风网络解算、瓦斯聚集分析、涌水计算等。数据的质量和模型的可靠性是关键，必须高度重视。

### 4. 3D 地学建模与数据挖掘的过滤性

为了提高矿山数据的品质，提升矿山数据的集成度和共享性，必须按统一的数据标准和数据组织、模式对多源异质的矿山数据进行多时空尺度的过滤和重组。过滤和重组的关键是真 3D 地学建模（3DGM）和矿山数据融合与数据挖掘。3DGM 是基于钻孔数据、补勘数据、地震数据、设计数据、开挖揭露数据及各类物探、化探数据等，来建立矿山井田、矿体与采区巷道及开挖空间矢栅整合的真三维集成模型。在此基础上进行数据挖掘和知识发现，揭示隐藏的规律与信息，并进行矿床地质条件评估、地质构造预测、精细地学参数半定量分析、深部成矿定位预测、矿产资源储量动态管理、经济可采性动态评估、开拓设计、支护设计、风险评估及开采过程动态模拟等，从而辅助矿山决策，以确保矿山安全和投资回报。

### 5. 数据采集的快速性与更新的实时性

多源异质和动态变化是矿山数据的基本特点。必须依靠矿山测量（遥感、全球定位系统、数字摄影测量、常规地面测量和井下测量等）、地质勘探（钻探、槽探、山地工程、地球物理物探、化探等）、工业传感（指各类接触式与非接触式矿山专用传感与监视设备／仪器采集系统，如应力传感、应变传感、瓦斯传感、自动监测、机械信号与故障传感、工业电视等）和文档录入（法规、法令、文件、档案、统计数据等）等综合手段，建立精确、动态和全面的矿山综合信息采集与数据更新系统。只有实现了矿山数据的动态采集与快速更新，才能源源不断地为数字化矿山系统提供高质量的、充足的数据，从而保障数字化矿山的高效运行。

### 6. 矿山 GIS 的高效调度

系统要高效运行，调度指挥必不可少。在统一的时空框架下，调度、指挥和控制各类软件的有序运行，以及数据的采集、更新与过滤，是确保数字矿山系统高效运行的关键。矿山 GIS（MGIS）作为矿山信息化办公与可视化决策的公共平台，作为各类矿山软件集成和各类模型融合的公共载体，贯穿于矿山业务流的全过程，是数字化矿山的总调度系统。面向数字化矿山的 MGIS 系统，应该是一个能为采矿业提供海量矿山信息组织管理、采矿过程动态模拟、复杂空间实体分析以及可视化决策支持的真三维 GIS。

## （四）数字化矿山技术的架构

### 1. 按结构层次进行划分

按结构层次划分，数字化矿山自下而上由基础数据层、模型层、模拟与优化层、设计层、执行与控制层、管理层、决策支持层组成。

（1）基础数据层，是数字化矿山的基石，包括各类数据库、数据文件、解图、图形文件库等。它包括整个系统的输入数据，不包括各分／子系统的输出数据。

（2）模型层，即表述层，是煤矿企业的数字化再表述，如地图、有关参数（品位、杂质含量、价值、区域条件）的三维或二维块状模型、三维地质模型、采场三维模型、甚至虚拟现实动画模型等。

（3）模拟与优化层，是数字化矿山的智囊团，为煤矿生产提供优化参数与方案，如工艺流程模拟、参数优化、设计方案和优化等。

（4）设计层，即计算机辅助设计层，该层是数字化矿山的辅助工程师，通过与使用者的交互，将优化方案变为可行方案或帮助使用者形成新方案。

（5）执行与控制层，是生产运行的执行者，如 GPS 自动调度系统、选矿流程参数自动监测与控制系统、远程操作系统。

（6）管理层，是数字矿山的办公人员和管理员，负责办公事务、综合统计、文字处理、报表生成以及人、财、物的管理，如办公自动化系统。各层之间是自下而上的关系，当然也有一定程度的交叉，功能之间互补。

（7）决策支持层，依据各种信息和以上各层提供的数据加工成果，进行相关分析与预测，为决策者提供各个层次的决策支持。

### 2. 按功能进行划分

按功能划分，数字化矿山主要包括六大类系统：数据获取与管理系统、数字开采系统、矿区地理信息系统、选矿数字监控系统、管理系统、决策支持系统，其中数字开采系统是核心系统，也是效率和效益的主要创造者。

### 3. 国内主要数字矿山系统框架

数字矿山的框架结构是规划和建设数字矿山的依据，同时也是对数字矿山组成与功能的描述。数字矿山系统框架指导矿山进行数字化建设，目前国内提出的数字矿山系统框架主要有以下几种：

（1）吴立新教授基于数字矿山基本特征分析和数字矿山核心架构分析，按数据流和功能流对数字矿山的基本框架进行同心圆层次剖分。数字矿山的框架结构由五部分组成，由外向里依次为：数据获取系统、集成调度系统、工程应用系统、数据处理系统和数据管理系统。

（2）毕思文教授提出从基础理论和模型、技术支撑、系统工程和建设有中国特色的数字矿山部分思路的角度出发进行数字矿山架构的研究。其核心和目的是汇集并处理巨量的矿山信息，进而对矿山系统进行高分辨率、四维的描述。它由呈现多维矿山图像界面的用户界面和一种快速增长、联网的矿山信息系统，与整合和显示来自不同渠道的信息机制这两部分组成。

（3）毛善君老师从 Web Service 的角度出发提出了基于 Web Service 的数字煤矿平台建设，其中包含数字矿山框架的一些思想。经过对其 Web Service 数字煤矿平台的分析，提取出框架结构，在其框架中，Web 协议是中枢环节，在数字矿山中充当桥梁的角色。

除了上述几种数字矿山基本框架，目前国内又提出了很多种不同的数字矿山基本框架以及商业数字矿山框架构建方案。这些框架结构是针对不同的矿山及基于不同技术设计的，但总的来说是框架分层分块覆盖了整个矿山的生产经营管理。

## （五）数字化矿山关键技术

基于数字化矿山的理念、内涵、功能与体系，以及中国矿山信息化现状和数字化矿山建设目标，现阶段实施数字化矿山战略，必须围绕以下关键技术进行研究和应用。

### 1. 矿山数据仓库与数据更新技术

针对矿山数据与信息的"五性四多"（复杂性、海量性、异质性、不确定性和动态性；多源、多精度、多时相和多尺度）特点，为在统一的时空框架下组织、管理和共享矿山数据，而研究的一种新型的矿山数据仓库技术，其中包括矿山数据组织结构、元数据标准、分类编码、空间编码、高效检索方法、高效更新机制、分布式管理模式等，以及便捷的数据动态更新（局部快速更新、细化、修改、补充等）技术。

### 2. 矿山数据挖掘与知识发现技术

由于矿山数据与信息的"五性四多"特点，为了从矿山数据仓库中快速提取有关的专题信息、发掘隐含的规律、认识未知的现象和进行采动影响的预测等，从而研究提出的一种更为高效、智能、透明的、符合矿山规律、基于专家知识的数据挖掘与知识发现技术。

### 3. 真 3D 矿山实体建模与虚拟采矿技术

该技术是在矿山数据仓库的基础上，集钻孔、物探、测量、传感等数据于一体，进行真 3D 矿山实体建模和大规模多细节层次的矿山虚拟表达，对地层环境、矿山实体、采矿活动、采矿影响等进行直观、有效的 3D 可视化再现、模拟与分析。

### 4. 监视数据可视化与空间分析技术

矿山监测数据多源异构、动态变化、特征复杂，需要在矿体围岩与井巷工程的三维模型中进行定位表达与可视化展现，以利于矿山监视数据的可视化查询、分析、预测与应用。为此，需要以矿山实体数据与监测数据的统一组织与有机联系为基础，解决矿山监测数据的效用与空间分析难题。

### 5. 组件化矿山软件与复用技术

矿山数据的处理与分析、矿山工程的模拟与分析、矿山安全的评估与分析等，均以各类矿山软件与分析模型为工具。为此，需要为不同需求、不同服务研制各类可扩展、可复用、跨平台的组件化矿山软件，形成一套便捷的矿山软件复用技术。

### 6. 矿山可视化技术

为实现全矿山、全过程、全周期的数字化与可视化管理、作业、指挥与调度，需要基于矿山空间数据仓库与数字矿山基础平台，并无缝集成办公自动化（OA）和指挥调度系统（CDS），开发可视化矿山系统，为矿山日常工作提供一个全新的生产管理、安全监控与决策指挥的协同办公平台。

### 7. 井下快速定位与自动导航技术

基于 GPS 的露天矿山快速定位与自动导航问题已基本解决，而在卫星信号不能到达的地下矿井，除传统的陀螺定向与初露端倪的激光扫描与影像匹配技术之外，尚没有足以满足矿山工程精度与自动采矿要求的地下快速定位与自动导航的理论、技术与仪器设备，这将是未来十年的重要科研方向和攻关目标。

### 8. 灾变环境下井下通信保障技术

在矿井通信方面，除井下网络、无线传输之外，如何快速、准确、完整、清晰、双向、实时地采集与传输矿山井下各类环境指标、设备工况、人员信息、作业参数与调度指令，尤其是在矿山灾变环境下如何保障井下通信系统继续发挥作用，以便支持救灾救援工作，是亟待研究的关键技术。

### 9. 智能采矿机器人技术

采矿机器人技术是无人采矿与遥感采矿的关键，需要从采矿设备与作业流程的自动控自适应调整、自修复的角度，去研究和设计新型的智能矿机器人。

### 10. 物联网、无线传感器网络和射频技术

在互联网基础上实现矿井的任何物体与物体之间进行信息交换和通信，利用射频技术和无线传感器网络对井下的人员和设备进行识别、定位、跟踪、监控和管理。例如，采用射频技术进行井下考勤与人员管理、井下设备定位与调度管理，发生矿难时通过无线传感器网络仍能对井下人员进行定位和信息传输。

### 11. 井下无人采矿系统技术

在矿山自动化方面，要突破采矿机器人的个体概念，要从矿山系统与采矿过程的角度，去研究、设计和开发井下无人采矿系统技术，如采矿机器人协同配合技术、采矿机器人班组作业技术等。

### 12.3S 及其集成技术

3S 技术即指全球定位系统（GPS）、遥感（RS）和地理信息系统（GIS）。作为数字地球的基础核心技术，3S 及其集成技术在我国的快速发展，使得数字化矿山这一设想成为可能。使用 GPS 进行定位与导航，确定目标地物的位置及高程；运用 RS 技术拍摄高分辨率、多时相的卫星遥感影像，获取地物信息；最后利用 GIS 对数据进行空间分析处理，为方案的实施提供依据。

### 13. 人工智能技术

人工智能（AI）是利用计算机技术研究并模拟人类智能行为的现代计算机科学中的一个重要分支，它在矿业工程中也得到了广泛的应用，先后经历了专家系统和神经网络两个阶段，开发出了像采矿方法选择系统、矿井通风设计专家系统、瓦斯危害预报专家系统等专家系统，测井资料岩性自动识别、爆破参数神经网络预测、矿产品成本预测系统等神经网络系统。这些高水平智能系统的出现极大地促进了矿业技术向更高水平的发展。

此外，还应在以下领域开展交叉研究，即现代矿山测绘理论、智能采矿与高效安全保障技术、数字环境中采动影响分析与仿真模拟、采矿动态模拟与非线性分析算法、矿山系

统工程与多目标决策理论与技术、数字环境中现代矿山管理模式与机制等。

## （六）数字化矿山建设的目标与任务

### 1. 数字化矿山建设的目标

数字化矿山的发展目标是数字化地集成管理与共享利用各类矿山数据与信息资源，可视化地三维模拟与虚拟再现矿山地质采矿环境，仿真化地模拟分析矿山采掘活动与采动影响过程，智能化地分析监测监控数据并智能识别各类灾变前兆，自动化地实施采矿系统活动与自动启动矿山安全预案。

数字矿山的技术目标是将像专家系统、神经网络、模糊逻辑、自适应模式识别、遗传算法等人工智能技术、并行计算技术、射频识别技术以及面向岩石力学问题的全局优化方法、遥感遥测技术等方法应用到矿山地质勘探调查与测量、矿山设计、矿山开采、设计与控制、灾害监测预警等方面。

数字矿山的最终目标是绿色、安全与高效采矿，具体表现形式为遥控采矿和无人采矿。

### 2. 数字化矿山建设的任务

数字矿山理念刚提出之时，吴立新曾提出数字矿山建设任务应包括以下四个主要方面：

（1）建立 MGIS 业务化平台。具体任务包括：①充分分析矿山企业信息化现状，剖析矿山企业在经营管理过程中的信息功能与数据流向，以及数据在数据流动环节中所起的作用，进而为矿山数据组织与管理设计出合适的数据结构和数据模型；②建立企业（集团公司）级中心数据库，统一管理整个企业的基础数据和各矿山的重要生产数据，并确定数据在共享过程中的访问与使用权限；③结合矿山特点和日常办公需求，开发便于矿山工程技术与管理人员日常办公使用的 MGIS 业务化平台，提供多种功能模块，以满足矿山经营管理的日常办公与决策需求；④进行人员培训，提高矿山各级管理与工程技术人员的信息技术水平和使用 MGIS 进行日常办公的能力，使 MGIS 真正成为矿山企业日常办公的业务化平台；⑤加强 MGIS 系统的维护和管理，及时进行数据更新，确保数据的时效性、可靠性，以满足动态发展的矿山生产与工程要求。

（2）进行矿产资源的动态管理。矿山企业的生存基础是足量的矿产资源储备，而矿产资源的动态管理是矿产资源开发与矿山经营发展的前提。由于矿山地质环境复杂、生产条件多变、开采扰动严重，还有地面不断发展变化的各类建（构）筑物和矿区基础设施的压覆，导致矿山可采矿产资源经常变化。如何及时、准确地评估和掌握矿产资源的储量动态成为矿山开采设计、采掘接替与经营决策的重要依据。这就需要在数字化矿山的总体架构中，借助 MGIS 来管理和分析矿产资源的动态变化。利用 MGIS 中管理的矿山原始数据（包括历史的和现时的），输入变化的影响参数和边界条件，通过合适的储量管理模型和计算模块的运算分析，就可以在计算机环境中可视化地快速圈定新的储量边界，并准确计算出变化了的各级、各类储量，必要时还可以制图输出和打印统计报表。

（3）进行采矿要素的可视化。在矿山开采过程中,随着开采和掘进工作面的推进,采场、顶底板、围岩、地表等采矿环境要素都在发生相应变化,矿山压力、矿井瓦斯、矿井水等矿山灾害要素的空间分布与数量不断变化。对于这种动态变化,过去的做法主要是对采集到的数据进行分析计算,再把结果在相应的二维图纸上填绘出来,因此,数据的时效性、直观性大大降低,甚至会延误重大事故的预防和灾害隐患的处理。如果在数字矿山的架构中,以 MG1S 为基础平台来集成各类专业模型(如通风网络解算、矿井涌水分析、火灾蔓延模拟等),则可以通过数据整合和系统自动分析,迅速及时地将采矿要素的动态变化在计算机环境中可视化地表达出来,并把矿山生产推进过程、开采影响范围等可视化地再现出来,必要时还可以制图输出或输出相应的统计报表,以供分析和决策。

（4）及时进行投入产出分析。利用 MGIS 所管理的矿山企业的基础数据与生产数据,输入相应矿山工程项目的有关参数和需求,通过系统内部专业模型的运算和综合分析,则可以及时地对采矿项目进行投入产出分析。通过修改和调整输入参数与边界条件,还可随时根据变化了的市场情况和地质采矿条件,重新对采矿项目的投入产出、经济可采品位进行评估,进而确定优先方案或改进方案。例如,对于某一建筑物或村庄下压煤开采问题,可以根据当前地面条件和实际社会经济因素,分析比较出在该种特定地质采矿与地面条件下,究竟应选择什么样的采煤方法、进行什么样的采面布置、进行什么样的回采顺序安排,以及作出何种采矿工艺的调整,才能更有效、更经济地开采出地下资源。

# 第五章 煤矿智能化技术化

## 第一节 煤矿智能化开采模式与技术路径

我国煤炭工业经过改革开放 40 年的不断创新与发展，逐步从人工采煤、半机械化采煤向机械化、综合机械化、自动化采煤发展，并已开始由自动化开采向智能化开采迈进，建成了一批具有世界领先水平的现代化大型煤矿。2018 年，我国大型煤矿的采煤机械化程度超过 96%，工作面单产水平超过 1 500 万 t/a，采出工效达到 1 050t/（人·d），煤矿百万吨死亡率降低至 0.1 以下，主要智能化开采技术与装备全部国产化，实现了由"引进消化吸收，跟随国外发展"到"创新引领世界综采技术与装备发展"的跨越，煤炭安全、高效、智能化开采技术与装备取得了一批创新成果，成为煤炭工业高质量发展的核心技术支撑。

国内外学者针对煤矿智能化开采技术与装备进行了积极的研究与探索，本节献以峰峰煤矿、黄陵一号煤矿等薄及中厚煤层赋存条件为工程背景，分析了薄及中厚煤层工作面实现自动化、智能化、无人化开采的主要技术瓶颈，通过研发薄及中厚煤层自动化、智能化开采技术与装备，实现了"有人巡视、无人值守"的少人化开采；文献针对西部矿区厚煤层大采高工作面智能化开采难题，通过研发综采工作面液压支架与围岩智能耦合控制技术、综采装备群直线度控制技术、煤流平衡控制技术等，实现了超大采高综采工作面的自动化、少人化开采；本节针对特厚煤层综放智能化开采技术难题，通过研发综放液压支架智能耦合控制系统及综放工作面放煤工艺时序控制技术与装备等，实现了综放工作面的自动化放煤。

由于我国煤层赋存条件复杂多样，煤矿智能化开采尚处于初级阶段，现有智能化开采技术与装备主要应用于我国中西部煤层赋存条件较优越的矿区，同时取得了较好的使用效果，而针对赋存条件相对较复杂的其他类型煤层智能化开采还存在许多技术难题。由于煤矿智能化发展过程中存在概念与技术内涵不清晰、开采模式与技术路径不明确等问题，本节基于我国煤矿智能化发展现状及煤炭产业转型升级的战略方向和发展目标，提出了煤矿智能化开采的技术内涵及不同类型煤层赋存条件的智能化开采模式、技术路径、核心关键技术等。

# 一、煤矿智能化开采模式的技术内涵

煤矿智能化是采用物联网、云计算、大数据、人工智能、自动控制、移动互联网、智能装备等技术，促使煤矿开拓设计、地测、采掘、运通、洗选、安全保障、生产管理等主要系统形成自主感知、智能分析与决策、精准控制与执行的能力。

开采模式是指针对某一类煤层赋存条件与开采目标设计研发的具有指导意义和实用价值的标准开采工艺、工序流程与配套装备系统。煤矿智能化开采模式则是指针对某一类煤层赋存条件与开采目标，基于煤矿智能化开采技术与装备阶段性发展成果，创新设计的煤炭资源开采标准工艺流程及智能化开采装备配套系统，是一种具有示范性、典型性和对同类煤层赋存条件具有普适性的煤矿智能化开采方案，能够实现该类煤炭资源开采过程的自主感知、智能分析与决策、自动精准控制与执行。

基于上述对煤矿智能化开采模式的定义，煤矿智能化开采模式应具有以下技术内涵与特征：

（1）煤矿智能化开采模式应具有创新性与多样性。由于我国煤层赋存条件复杂多样，应按煤层赋存条件与开采目标的差异，建立不同类型的煤矿智能化开采模式，且每种类型的煤矿智能化开采模式均应具有创新性的智能化开采工艺、技术与装备，从而提高对特定煤层赋存条件的适应性。

（2）煤矿智能化开采模式应具有较高的可靠性与可操作性。煤矿智能化开采模式应基于物联网、云计算、大数据、人工智能等创新性发展成果，选择稳定、可靠的工艺、技术与装备，提高相关技术与装备的可靠性与可操作性。

（3）煤矿智能化开采模式应力求简单和可复制、可推广。由于受煤矿井下恶劣生产环境、狭小工作空间等因素制约，煤矿智能化开采相关技术与装备应优先采用模块化设计，简化开采工艺与流程，提高智能化开采技术与装备的适用性，且对不同区域类似煤层条件具有普适性、可复制性与可推广应用价值。

（4）煤矿智能化开采模式的发展过程具有阶段性与动态性。由于受制于煤矿智能化开采技术与装备的发展水平，煤矿智能化开采模式并不是一成不变的，而是随着煤矿智能化开采技术与装备的不断进步而发展进步的，具有显著的阶段性与动态发展特征。

由于我国煤层赋存条件复杂多样，不同煤炭生产企业、矿区对煤矿智能化开采的要求、技术路径、发展水平、发展目标等存在较大差异，且受制于智能化开采技术与装备的发展水平，各类煤矿智能化开采模式并不是齐头并进同步完成，而是要针对不同煤层条件进行分层次、分阶段、分目标逐步推进，通过建设不同类型的煤矿智能化开采模式示范矿井，以点带面地推进煤矿智能化建设向纵深发展。

## 二、智慧煤矿建设系统架构

智慧煤矿是煤矿智能化发展的终极目标，是形成煤矿"完整智慧系统、全面智能运行、科学绿色开发"的全产业链运行新模式，随着煤矿智能化技术与装备的不断发展进步，智慧煤矿的建设水平也将逐步提高。

智慧煤矿系统可分为信息感知、统一操作平台、井下系统平台、井上生产经营管控平台等。信息感知主要是对井下人、机、环、管等信息的全面监测，是进行信息分析、决策与执行的基础。统一操作平台主要包括智慧煤矿操作系统、大数据处理中心、高速传输网络等，是信息分析、决策与执行的控制中心。根据井上、井下业务分类与工艺的差异，分别设计井下系统平台与井上生产经营管控平台。井下系统平台主要包括井下生产、安全与保障系统，是智慧煤矿系统的执行机构；井上生产经营管控平台则主要包括井上洗选、运输、经营绩效管理与决策支持等，是智慧煤矿经营管理的决策层。

煤炭智能开采是智慧煤矿建设的重要组成部分，针对不同煤层赋存条件，开发适用于不同煤层条件的智能化开采模式，是实现煤炭智能化开采的基础。经过多年的创新与实践，笔者及其团队针对不同煤层赋存条件，提出了薄煤层刨煤机智能化无人开采模式、薄及中厚煤层滚筒采煤机智能化无人开采模式、大采高工作面智能耦合人机协同高效综采模式、综放工作面智能化操控与人工干预辅助放煤模式、复杂条件机械化＋智能化开采模式等，同时在黄陵、榆北、神南等矿区得到推广应用，取得了较好的技术经济效益。

## 三、薄及中厚煤层智能化无人开采模式

薄煤层在中国分布广泛，其储量约占煤炭资源总储量的20.42％。由于薄煤层普遍存在厚度变化较大、赋存不稳定、工作面作业空间狭小、设备尺寸与能力的矛盾突出等问题，导致许多矿区大量弃采薄煤层，造成资源浪费。针对薄煤层工作面存在的上述问题，开发薄煤层刨煤机智能化无人开采模式与滚筒采煤机智能化无人开采模式，可有效地改善井下作业环境，提高煤炭资源的采出率。

### （一）薄煤层刨煤机智能化无人开采模式

对于煤层厚度小于1.0m、赋存稳定、煤层硬度不大、顶底板条件较好的薄煤层，应优先采用刨煤机智能化无人开采模式。

（1）工作面两侧巷道一般沿煤层底板布置，由于刨煤机的机头尺寸较大，巷道断面尺寸一般比较大；由于刨煤机的截割高度远小于巷道断面高度，巷道两端头需要采用带侧护板的特殊端头液压支架进行支护；为了降低巷道端头与超前液压支架的作业劳动强度，可采用基于电液控制系统的遥控式操作，由端头液压支架发送邻架控制命令，启动转载机

控制器执行准备阶段动作，转载机控制器进行声光报警，在端头液压支架执行推溜动作与转载机控制器执行前移阶段动作共同完成转载机自移功能；利用超前支架电液控制，进行超前液压支架的远程控制，以实现快速移架。

（2）配套智能截割刨煤机及控制系统，能够实现"双刨深"刨煤工艺自动往复进刀刨煤、两端头斜切进刀往复刨煤、混合刨煤、刨煤速度与深度智能自适应调整等，按照提前规划的刨煤机截割路径进行记忆截割自动控制；通过与智能变频刮板输送机进行智能联动控制，实现刨煤机刨煤速度的智能调控及刮板输送机的功率协调与智能调速；通过与智能自适应液压支架进行智能联动控制，最终实现刨煤机的精准定位及液压支架的自动推移。

（3）配套智能自适应液压支架及控制系统，通过压力与姿态监测系统、视频监控系统、无线传输系统等实现液压支架支护状态的智能监测；通过自适应专家决策系统对监测信息进行智能分析与决策，并通过智能补液系统、智能控制系统等对液压支架进行智能操控，实现液压支架对围岩的智能自适应支护及对刮板输送机的精准推移，从而对刨煤机的刨深进行精准控制。

（4）配套智能变频刮板输送机及控制系统，通过煤量监测系统、智能变频控制系统对刨煤机截割后的煤量进行智能监测，并实现刮板输送机的智能调速；通过断链监测与故障诊断系统对刮板输送机的运行状态进行智能监测，实现刮板输送机的故障预警与远程运维。

（5）按照薄煤层刨煤机斜切进刀割三角煤及双向割煤的工艺、工序对刨煤机的截割路径进行超前规划，实现刨煤机上行与下行双向自动刨煤；基于工作面直线度监测结果，采用局部刨深自动调控技术对刨煤机的刨深进行自动修正，以维护工作面的直线度。

（6）配套智能供电系统、智能供液系统、智能通风系统、智能降尘系统等，对工作面开采过程提供综合保障；将刨煤机、刮板输送机、液压支架的监测数据、视频、音频等信息上传至巷道监控中心，实现在巷道监控中心对工作面运行状态进行监测与控制，并将相关信息通过光纤上传至地面远程监控中心，实现井上对井下工作面运行状态的监测与控制。

由于煤层厚度小于1.0m的薄煤层工作面空间狭小、人工作业困难，采用薄煤层刨煤机智能化无人开采模式可以将工人从井下狭小的作业空间中解放出来，同时提高工作面的开采效率与采出率。

目前，薄煤层刨煤机智能化无人开采模式已经在铁法煤业集团小青煤矿、临矿集团田庄煤矿等应用，实现了井下工作面的智能化、无人化开采，同时取得了很好的技术与经济效益。

## （二）薄及中厚煤层滚筒采煤机智能化无人开采模式

对于煤层厚度大于1.0m、赋存条件较优越的薄及中厚煤层，则应优先采用滚筒采煤机智能化无人开采模式，与刨煤机智能化无人开采模式相比，主要采用基于 LASC 系统的采煤机定位导航与直线度自动调控技术、基于 4D-GIS 煤层地质建模与随采辅助探测的采煤机智能截割技术，最终实现采煤机对煤层厚度的自适应截割。

为了适应薄煤层工作面狭小作业空间对采煤机尺寸的要求，采用扁平化设计，降低采煤机的机面高度，并采用扁平电缆装置，提高采煤机的适应性。基于矿井地质勘探信息建立待开采煤层的 4DGIS 信息模型，并在巷道掘进过程中采用钻探、物探等技术对待开采煤层的煤岩分界面进行辅助探测，基于实际探测结果对 4D-GIS 信息模型进行修正，实现对煤岩分界面的预知预判；采用惯性导航技术对采煤机的行走位置及三维姿态进行实时监测，并利用轴编码器对采煤机的位置进行二次校验；基于上述煤岩界面预测结果对采煤机的截割路径进行超前规划，并根据采煤机的精准定位及煤岩界面预测结果对采煤机摇臂的摆动角度进行控制，以满足工作面不同位置采煤机截割高度的变化，实现采煤机截割高度的智能调整，如图 5-1 所示。

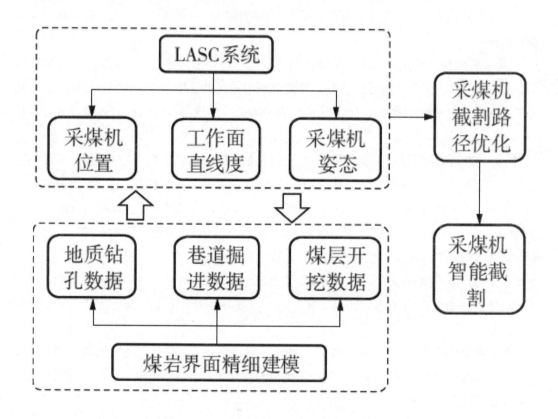

**图 5-1　采煤机智能截割控制逻辑**

采煤机的智能截割还可以通过惯性导航 + 煤岩界面识别技术实现，国内外学者曾对煤岩界面识别技术进行了广泛且深入的研究，提出了振动识别、红外识别、太赫兹识别等技术，但相关研究成果尚不能满足井下工业应用的要求。

通过对采煤机的截割高度、速度、支架推移量等信息进行监测，可以计算获取采煤机的理论瞬时落煤量及刮板输送机的煤流赋存量。基于监测的刮板输送机电机输出转矩值，对刮板输送机实时调速。刮板输送机智能调速控制逻辑如图 5-2 所示。

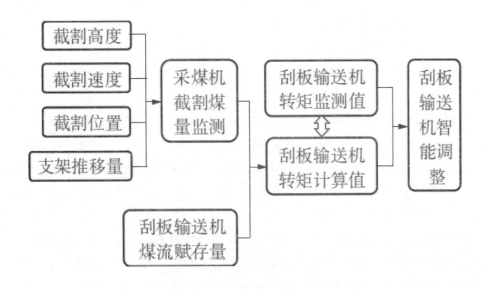

**图 5-2　刮板输送机智能控制逻辑**

目前，综采工作面刮板输送机智能调直系统多采用基于 LASC 的刮板输送机三维形态检测技术，通过采煤机的运行轨迹检测，实现刮板输送机平直度的测量。目前，有关机构基于平行直线交汇原理，即图像中相互平行的三条直线必将交汇于一点，如图 5-3 所示，正在研发基于图像识别的工作面直线度检测技术，但该技术对工作面的光照度、成像质量等要求较高，目前尚未实现工业化应用。

**图 5-3　基于图像识别的工作面直线度检测技术**

　　智能视频监测系统是实现对工作面开采工况进行实时感知的有效方法，一般每隔十台液压支架布设两台高清云台摄像仪，一台照向工作面煤壁方向，另一台照向采煤机截割方向，采用视频拼接技术，实现对整个工作面作业工况的实时智能感知。

　　薄及中厚煤层滚筒采煤机智能化无人开模式一般采用常规的采煤机斜切进刀割三角煤开采工艺，配套的刮板输送机、液压支架及控制系统等与刨煤机智能化无人开采模式类似。

　　针对顶底板赋存条件较好的薄及中厚煤层，笔者及其研发团队提出了薄及中厚煤层半截深高速截割工艺。这种截割工艺采煤机的截深为正常截深的一半，通过降低采煤机的截割深度来提高采煤机的截割速度。采煤机采用半截深斜切进刀割煤方式，进刀完成后直接进行正常割煤，不返回截割三角煤；采煤机下行割煤时将上一刀的三角煤进行全截深截割，降低了采煤机往返截割三角煤的时间，可大幅度地提高采煤机的截割速度与截割效率。为实现液压支架快速跟机移架，液压支架采用间隔移架的方式，以满足采煤机快速截割的要求。

　　工作面煤流运输采用基于煤量智能监测的智能调速技术，通过对采煤机的截割速度、深度、位置等信息进行监测，计算得出采煤机理论的瞬时落煤量及刮板输送机的煤流赋存量，并将计算结果与刮板输送机的输出转矩值对应的负载进行对比，从而对刮板输送机的转速进行智能调控。基于刮板输送机的煤流量监测结果，采用类似的方法，可以实现对带式输送机的变频智能调速。

　　针对薄煤层工作面开采空间狭小、人工操作困难等技术难题，以峰峰矿区薄煤层赋存条件为基础，研发了最小高度为 0.45m 的薄煤层液压支架。针对实现薄煤层工作面自动化控制存在的难题，研发了液压支架群组自组织协同控制技术，发明了基于采煤机采高记忆联想、截割功率参数、振动、视频信息的多指标综合智能调高决策机制和工作面三维导航自动调直技术，实现了厚度为 0.6 ~ 1.3m 薄煤层最高月产 11.8 万 t，年生产能力 100 万 t。针对黄陵一号煤矿薄及中厚煤层赋存条件，研发了 ZY6800/11.5/24D 型液压支架，并进行了工作面自动化集成配套设计，实现了工作面液压支架自动跟机移架推溜、采煤机自动记忆截割、刮板输送机变频智能调速等，通过在巷道设置监控中心，实现了对工作面设备的远程监控。设备应用后，黄陵一号煤矿 1001 工作面生产作业人员由 11 人减少至 3 人，工作面月产 17.03 万 t，年生产能力 200 万 t 以上，生产效率提高 25%，实现了工作面"有人值守、无人操作的"智能化开采。

　　针对转龙湾煤矿 23303 工作面 3 ~ 4m 煤层赋存条件，设计研发了 ZY16000/23/43D 型强力液压支架，将国产采煤机与 LASC 技术相融合，进行采煤机姿态的精准控制，刮板输送机采用智能柔性变频控制，根据煤量进行刮板输送机的智能调速。设备应用后，23303工作面由 9 人减少至 4 人，工作面最高日产 3.78 万 t，最高月产 90.13 万 t，年生产能力达到千万吨水平，刷新了中厚煤层工作面生产能力记录。

# 四、大采高工作面智能耦合人机协同高效综采模式

山西、陕西、内蒙古是中国的煤炭主产区，2018年三个省份的煤炭产量约为24.42亿t，占煤炭总产量的68.88%。煤层厚度为6～8m的坚硬厚煤层是晋陕蒙大型煤炭基地的优势资源，其产量约占该区域总产量的30%。由于煤质坚硬、埋深比较浅，采用综放开采技术存在顶煤冒放性差、采空区易自然发火等问题，这类煤层非常适宜采用大采高一次采全厚开采技术。

对于煤层厚度较大、赋存条件较优越、适宜采用大采高综采一次采全厚开采方法的厚煤层，则可以采用大采高工作面智能耦合人机协同高效综采模式。由于采煤机一次截割煤层厚度加大，导致工作面围岩控制难度增大，工作面极易发生煤壁片帮冒顶及强动载矿压等安全事故，且重型装备群的智能协同控制难度增大。因此，大采高工作面智能耦合人机协同高效综采模式的关键技术为基于液压支架与围岩耦合关系的围岩智能耦合控制技术与装备、重型装备群的分布式协同控制技术与装备等，其控制逻辑如图5-4所示。

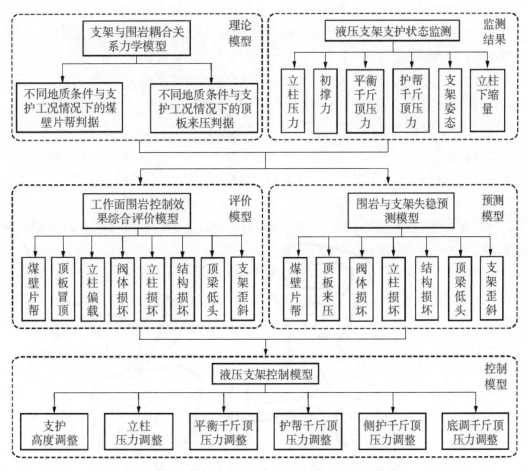

图5-4　基于智能自适应液压支架的围岩智能控制逻辑

大采高工作面一次开采煤层厚度增大导致煤壁极易发生片帮并诱发冒顶，且超大开采空间导致顶板岩层极易发生滑落失稳，对工作面形成动载矿压。笔者及其团队曾提出了超大采高液压支架与围岩的耦合动力学模型及煤壁片帮的力学模型，系统地分析了煤体抗拉强度、煤体黏聚力、内摩擦角、工作面采高、煤层埋深、液压支架支护强度变化对煤壁片帮的影响。

通过研究发现，大采高工作面顶板失稳产生的矿山压力与煤壁片帮冒顶具有内在联系，大采高工作面不仅需要对顶板岩层失稳进行有效控制，还需要综合考虑对煤壁片帮的控制。通过研究液压支架支护强度与顶板下沉量及煤壁片帮临界护帮力的关系，提出大采高工作面液压支架合理工作阻力确定的"双因素"控制方法，即首先基于液压支架与顶板岩层的耦合动力学模型计算液压支架对顶板岩层失稳控制所需要的支护力，基于该支护力计算抑制煤壁片帮失稳所需要的临界护帮力，只有同时满足对顶板岩层与煤壁的有效控制，才能实现对大采高工作面围岩的有效控制。基于顶板破坏与煤壁片帮的力学模型，得出了不同地质条件与支护工况下煤壁片帮及顶板来压的判据，通过研发的液压支架支护状态监测系统最终实现对液压支架载荷、三维姿态的动态监测。

基于上述支架与围岩耦合关系理论力学模型及液压支架支护状态监测结果，笔者建立了工作面围岩控制效果综合评价模型，对围岩的控制效果进行综合评价，并通过建立围岩与支架失稳的预测模型在一定程度上对支架与围岩的失稳进行预测。基于评价模型与预测模型得出的结果，建立液压支架与围岩智能自适应控制模型，通过调整液压支架的受力状态与姿态，以满足对大采高工作面煤壁片帮、顶板冒顶、动载矿压等围岩控制要求。

针对大采高工作面大断面巷道超前支护的难题，提出了"低初撑、高工阻、非等强支护"的工作面超前支护理念，通过研发系列超前液压支架，满足了超大采高工作面大断面巷道超前支护要求。超前液压支架采用遥控自动控制，实现了超前液压支架与工作面设备的整体快速推进。

采用集成智能供液系统实现工作面供液要求，通过系统平台和网络传输技术将智能供液控制系统有机融合，实现一体化联动控制和按需供液；采用智能变频与电磁卸荷联动控制功能，解决了工作面变流量恒压供液的难题；通过建立基于多级过滤体系的高清洁度供液保障机制，确保工作面液压系统用液安全。通过采用液压支架初撑力智能保持系统及高压升柱系统，保障液压支架初撑力的合格率，提高液压支架对超大采高工作面围岩控制的效果。

综采装备群分布式协同控制的基础是综采设备的位姿关系模型及运动学模型，需要对综采装备群的时空坐标进行统一，并对单台液压支架、液压支架群组、综采设备群组的位姿关系进行分层级建模与分析。基于综采设备群智能化开采控制目标，分析液压支架、采煤机、刮板输送机等主要开采设备之间的运行参数关系，进行综采设备群的速度匹配、功率匹配、位姿匹配、状态匹配等，最终实现综采装备群的智能协同推进。

大采高工作面一般采用采煤机斜切进刀双向割煤截割工艺，其智能控制逻辑与薄及中厚煤层滚筒采煤机智能化无人开采模式类似，而对于采高大于 6.0m 的超大采高工作面，则工作面液压支架一般采用"大梯度过渡"配套方式，其控制逻辑则更为复杂。由于大采高工作面多为重型装备，且采高增加导致设备稳定性变差，重型装备群之间易发生干涉，现有大采高智能化开采装备的控制精度、智能协同控制精度等尚难以满足无人化开采的要求，因此，大采高工作面智能化开采应以智能化操控为主、人机协同控制为辅。

目前，大采高工作面智能高效人机协同巡视模式已在金鸡滩煤矿、红柳林煤矿、张家峁煤矿、上湾煤矿等西部煤层赋存条件较优越的矿区应用，实现了综采装备群智能开采为主、人机协同控制为辅的智能化开采，大大降低了工作面作业人员数量，采出工效达到 1050t/（人·d），年产量超过 1500 万 t，实现了厚煤层大采高工作面的智能化、少人化开采。

## 五、综放工作面智能化操控与人工干预辅助放煤模式

我国自 1982 年引进综放开采技术与装备，通过反复进行井下试验与创新设计，研发了适用于不同厚煤层条件的一系列综放开采技术与装备，促使综放开采技术在厚及特厚煤层得到广泛推广应用。

对于煤层厚度较大、赋存条件较优越、适宜采用综采放顶煤开采方法的厚煤层，可采用综放工作面智能化操控与人工干预辅助放煤模式。由于放顶煤工作面采煤机截割高度不受煤层厚度限制，因此，不需要采用采煤机智能调高技术，但仍需要根据煤层底板起伏变化对采煤机的下滚筒卧底量进行智能控制。综放工作面智能化操控与人工干预辅助放煤模式的核心技术为放顶煤智能化控制工艺与装置，不同放煤工艺控制流程如图 5-5 所示。

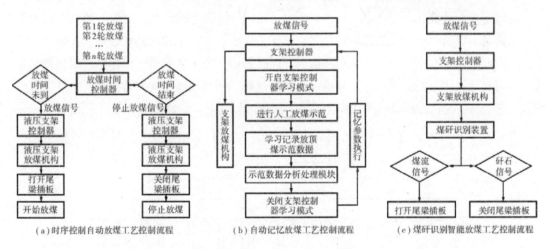

（a）时序控制自动放煤工艺控制流程　　　（b）自动记忆放煤工艺控制流程　　　（c）煤矸识别智能放煤工艺控制流程

**图 5-5　智能化放顶煤工艺控制流程**

根据放顶煤智能控制原理的差异，可根据放煤工艺流程将其分为时序控制自动放煤工艺、自动记忆放煤工艺、煤矸识别智能放煤工艺，其中时序控制自动放煤工艺主要通过放煤时间及放煤工艺工序对放煤过程进行智能控制，可分为单轮顺序放煤、单轮间隔放煤、多轮放煤等。当放顶煤液压支架收到放煤信号时，将放煤信号发送至放煤时间控制器，对放煤时间进行记录，并将放煤执行信号发送至液压支架控制器，通过打开液压支架放煤机

构的尾梁插板进行放煤；当达到预设的放煤时间时，则将停止放煤信号发送至液压支架控制器，通过关闭液压支架放煤机构的尾梁插板停止放煤。由于采用放煤时间控制原理，所以时序控制自动放煤工艺适用于顶煤厚度变化不大的综放工作面。

自动记忆放煤工艺控制主要通过液压支架控制器对示范放煤过程进行自记忆学习，并根据学习的示范放煤过程进行自动放煤控制。在首次放煤时，需要开启液压支架控制器的学习模式，由人工进行放煤示范，支架控制器对人工示范过程进行记忆学习，并将学习记录的放煤示范数据发送至示范数据分析处理模块，形成自动放煤控制工艺流程，完成人工示范放煤后，关闭液压支架控制器的学习模式，液压支架控制器则将按照自记忆学习形成的自动放煤控制工艺流程执行记忆参数，通过对液压支架放煤机构进行控制以实现智能放煤过程。

煤矸识别智能放煤工艺控制主要通过煤矸识别装置对液压支架尾梁放出的煤块或矸石进行智能识别，并依据识别结果进行放煤口的开启或关闭操作。当放煤信号传送至液压支架的控制器时，液压支架控制器打开液压支架放煤机构的尾梁插板进行放煤，同时开启煤矸识别装置，当煤矸识别装置的识别结果为煤流时，则继续打开尾梁插板放煤；当煤矸识别装置的识别结果为矸石流时，则关闭尾梁插板，结束放煤操作。目前，基于煤矸识别装置的智能放煤工艺控制尚处于研发试验阶段，由于煤矸识别机理尚存在技术瓶颈，目前还不具备大规模推广应用的条件。

由于煤层厚度、硬度、采煤机截割高度等的差异，放煤步距可以分为一刀一放、两刀一放、三刀一放等；放煤方式又可分为单轮顺序放煤、单轮间隔放煤、多轮顺序放煤、多轮间隔放煤、多轮多窗口放煤等。可以根据放煤步距、方式、工艺流程等选择上述智能化放顶煤工艺控制流程的一种或同时采用几种共同进行放煤工艺流程的智能控制。

综放工作面智能化开采工艺如图5-6所示，通过采煤机上的红外发射器与液压支架上的接收器确定采煤机与液压支架的相对位置，基于采煤机与液压支架的相对位置，在采煤机截割方向提前3~5架收回液压支架护帮板，并同时开启智能喷雾装置，采煤机后滚筒截割完成后及时打开液压支架护帮板，推移前部刮板输送机，并利用液压支架智能放煤装置进行放顶煤动作，待智能化放顶煤相关动作完成后，拉移液压支架，完成一个放煤工艺循环。

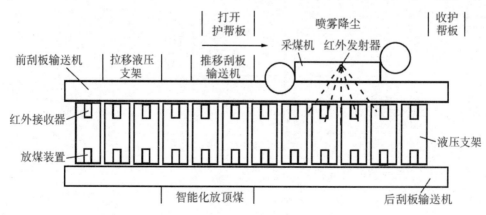

图 5-6  智能化综放开采工艺示意

由于特厚煤层一般均存在多层夹矸，且煤层厚度一般赋存不稳定，采放平行作业工艺复杂、智能控制难度大，现有智能化开采技术与装备尚不具备进行无人化的条件，放煤过程仍然需要采取人工进行干预，即基于智能化操控与人工干预辅助的综放工作面智能化开采模式。

针对同煤集团塔山煤矿 14～20m 特厚煤层赋存条件，创新研制了当时国内外首套最大支撑高度为 5.2m 的大采高综采放顶煤液压支架（ZF15000/28/52），发明了大缸底大缸径并设有旁路安全阀的双伸缩抗冲击立柱，液压支架的抗冲击性能提高 30% 以上；研发了大通道直线导向式放顶煤过渡液压支架，构建了特厚煤层大采高放顶煤液压支架与围岩耦合力学模型，解决了 14～20m 特厚煤层超大开采空间顶板动载矿山压力、超高煤壁稳定性控制、超厚顶煤冒放性等技术难题，实现了塔山煤矿特厚煤层大采高综放工作面年产量 1 000 万 t。

针对金鸡滩煤矿坚硬特厚煤层顶煤难以冒落、放出等问题，2018 年研发了最大采高为 7.0m 的大采高综放液压支架，有效地提高了顶煤的放出率与放出效率，大采高综放工作面年产量达到 1 500 万 t 的水平。

## 六、复杂条件机械化 + 智能化开采模式

对于煤层赋存条件比较复杂的工作面，现有智能化开采技术与装备水平尚难以满足智能化、无人化开采要求，应采用机械化 + 智能化开采模式，即采用局部智能化的开采方式，最大限度地降低工人劳动强度，提高作业环境的安全水平。

针对倾斜煤层及存在仰俯角的煤层条件，刮板输送机极易发生啃底、飘溜、上窜、下滑等问题，在配套智能自适应液压支架、智能调高采煤机、智能变频刮板输送机等装备的同时，还应该配套刮板输送机智能调斜系统，通过监测刮板输送机的三向姿态、刮板输送机与液压支架的相对位置等，以预防为主，通过对采煤机的截割工艺、工序控制实现对刮板输送机的智能调斜。

虽然智能自适应液压支架能够实现对液压支架的压力及三向倾角进行监测与控制，但当工作面倾斜角度较大时，仍然需要通过人工进行液压支架调斜。对于这类煤层条件采用机械化 + 智能化开采模式，虽然仍需要一定数量的井下作业人员进行操作，但采用部分智能化的开采技术与装备，可以大幅度地降低井下工作人员的劳动强度，提高采出效率和经济效益。

针对较复杂煤层工作面超前支护的难题，研发了单元式超前液压支架及智能移动装置，该支架采用螺旋滚筒作为行走机构，具有前进、后退、旋转、侧向平移等全方位行走功能，并通过在支架底座安装红外传感器，可以对支架与巷道的位置进行智能感知，利用智能控制器实现超前液压支架的自动移动与支护。

目前，基于液压支架电液控制系统的液压支架自动跟机移架、采煤机记忆截割、刮板

输送机智能变频调速、三机集中控制、超前液压支架遥控及远控、智能供液、工作面装备状态监测与故障诊断等智能化开采相关技术与装备均已日益成熟，这些技术与装备虽然尚不足以实现复杂煤层条件的无人化开采，但仍然可以在一定程度上提高复杂煤层条件的智能化开采水平，并且随着智能化开采技术与装备的日益发展进步，复杂煤层条件的智能化开采水平也将逐步提高。

煤矿智能化开采技术与装备是建设安全、高效、绿色、智慧矿山的核心技术支撑，智能化开采模式与技术路径是智慧矿山建设的基础。智慧煤矿建设是一个多学科交叉融合的复杂问题，不仅受制于物联网、大数据、人工智能等科技的发展进步，同时还受煤炭开采基础理论、工艺方法、围岩控制理论等因素的制约，我国煤矿智能化发展目前仍处于初级阶段。

煤矿智能化是一个不断发展进步的过程，煤矿智能化开采模式也伴随着煤矿智能化技术与装备的发展而不断完善进步。在国家政策支持和技术创新驱动下，应加快推进信息化、数字化与矿业的交叉融合，积极推动智能化开采模式示范矿井建设，不断地开创安全、高效、绿色和可持续发展的智能化开采新模式，切实提高我国煤矿智能化开采水平。

# 第二节　煤矿智能化与矿用 5G

第五代移动通信技术（5thGenerationMobileNetworks，5G）、大数据、物联网、人工智能、机器人、工业互联网、云计算、边缘计算、增强现实和虚拟现实等新技术促进了煤矿智能化，其中，5G 是新一代蜂窝移动通信技术，具有传输速率高、时延小、可靠性高、容量大等优点，已在地面广泛应用[1]。2020 年 7 月，安标国家矿用产品安全标志中心按照新产品审核发放模式，发放了我国第一个煤矿 5G 通信系统安全标志准用证[2]（有效期 2a）。该系统没有针对煤矿井下安全生产特点进行研发，仅将地面 5G 产品进行防爆改造，仅可用于矿井语音通信和视频图像传输。目前正在安标送审的矿用 5G 系统也没有针对煤矿井下特殊需求进行研发，仅将地面 5G 产品进行防爆改造，难以满足煤矿智能化建设需求。煤矿井下有瓦斯等易燃易爆气体，矿井无线传输衰减大等特殊性[3]，制约着 5G 直接在煤矿井下应用。因此，需根据煤矿井下特殊需求，研究矿用 5G 技术和系统。

## 一、矿用 5G 宜采用本质安全型防爆

煤矿井下有瓦斯等爆炸性气体，用于煤矿井下的电气设备必须是防爆型电气设备。矿

---

① 孙继平，陈晖升 . 智慧矿山与 5G 和 WiFi6[J]. 工矿自动化，2019，45（10）：1-4.

② 杨斌青 . 中国联通首家获得 5G 矿用产品安标证书 [N]. 人民邮电报，2020-07-08（1）.

③ 孙继平，陈晖升 . 智慧矿山与 5G 和 WiFi6[J]. 工矿自动化，2019，45（10）：1-4.

用防爆电气设备防爆型式主要有本质安全型、隔爆型、胶封型、增安型等。其中，本质安全型防爆性能最好，适用于煤矿井下所有场所和瓦斯超限等各种条件，具有防爆性能好、体积小、质量小等优点。因此，矿用 5G 应首选矿用本质安全型。但本质安全型防爆措施限制了大功率、高电压、大电流、大电容和大电感。功率超过 25W 的电气设备难以做成矿用本质安全型防爆电气设备。矿用隔爆及其复合型防爆 5G 基站体积大、质量大、防爆性能不如本质安全型，甲烷超限或停风后需停电，不能在甲烷超限和停风断电控制区域工作。

煤矿井下无线发射会在金属支护、机电设备金属外壳等产生感生电动势，引起瓦斯爆炸。为防止大功率无线发射引起瓦斯爆炸，GB3836.1—2010《爆炸性环境第 1 部分：设备通用要求》规定，煤矿井下无线发射设备的射频阈功率（无线发射设备的有效输出功率与天线增益的乘积）不得大于 6W。5G 基站一般采用多天线，多个发射天线同时工作，发射功率叠加。因此，矿用 5G 基站应按同时工作的多个发射天线的最大总功率考核其防爆性能。

电气设备火花放电能量取决于放电时间、电源放电功率、负载中电容量和电感量等。放电时间越长、电源放电功率越大、负载中电容量和电感量越大，火花放电能量就越大，引爆瓦斯的概率就越大。天线的等效电感（含分布电感）和电容（含分布电容）会增加火花放电能量。因此，对于本质安全型、隔爆兼本质安全型矿用 5G 基站，应考核天线的等效电感（含分布电感）和等效电容（含分布电容）。

对于发射功率软件可调的矿用 5G 基站，调控发射功率的软件应固化，确保在正常工作和故障状态下，最大发射功率不增大；不得因设备停电重启、光缆断缆、基站控制器损坏、交换机/路由器损坏、电磁干扰等，造成最大发射功率增大。无法确保最大发射功率不增大的软件调控发射功率的矿用 5G 基站，应按硬件最大发射功率考核其防爆性能。

## 二、用于控制的矿用 5G 应具有较强的抗干扰能力

煤矿井下空间狭小，大型机电设备相对集中，电磁干扰严重。采煤机、掘进机、刮板输送机、破碎机、转载机、带式输送机、水泵、提升机等大型机电设备启停，大功率变频设备工作，架线电机车火花，矿井人员和车辆定位系统等其他无线设备，均影响着矿用 5G 系统的正常工作。因此，用于控制的矿用 5G 应具有较强的抗干扰能力，通过 GB/T17626.3—2016《电磁兼容试验和测量技术射频电磁场辐射抗扰度试验》的严酷等级为 2 级的射频电磁场辐射抗扰度试验，评价等级为 A；通过 GB/T17626.4—2018《电磁兼容试验和测量技术电快速瞬变脉冲群抗扰度试验》规定的严酷等级为 2 级的电快速瞬变脉冲群抗扰度试验，评价等级为 A；交流端口通过 GB/T17626.5—2019《电磁兼容试验和测量技术浪涌（冲击）抗扰度试验》规定的严酷等级为 3 级的浪涌（冲击）抗扰度试验，评价等级为 B；直流端口和信号端口通过 GB/T17626.5—2019《电磁兼容试验和测量技术浪涌（冲击）抗扰度试验》规定的严酷等级为 2 级的浪涌（冲击）抗扰度试验，评价等级为 B。

使用电容和电感滤波是提高设备抗干扰能力的有效方法。但是，本质安全型防爆电气设备除限制最大工作电压、最大电流和最大功率外，同时还限制电路中的电容量和电感量。因此，在本质安全防爆的条件下，提高 5G 系统的抗干扰能力是矿用 5G 亟需解决的技术难题。

## 三、采煤工作面和掘进工作面地面远程控制宜选用矿用 5G

事故调查结果表明，我国煤矿死亡事故主要发生在采煤工作面和掘进工作面[①]。因此，通过煤矿自动化、信息化和智能化，减少煤矿井下作业人员，特别是减少采煤工作面和掘进工作面作业人员，是煤矿安全生产亟需解决的问题。目前，采煤工作面已实现采煤机、液压支架和刮板输送机联动（以下简称机架联动），记忆割煤，工作面巷道远程控制。但是，煤岩界面自动识别等技术难题仍然没有解决；采煤机、液压支架和刮板输送机等工作面设备定位精确度难以满足无人采煤工作面要求。人们研发了通过工作面巷道探测顶底板位置＋地质钻孔估算顶底板位置的地质模型方法，但当顶底板变化较大时，误差较大，难以满足无人采煤工作面对顶底板准确位置的需求。在煤岩界面自动识别、采煤工作面设备精确定位等技术难题被攻克前，为尽早地实现采煤工作面无人或少人作业，减少采煤工作面作业人员，笔者提出了机架联动＋记忆割煤＋地质模型＋地面远程控制方法（以下简称地面遥控方法）。

地面遥控方法中的机架联动、记忆割煤、地质模型等方法已在采煤工作面应用，亟需解决地面远程控制问题。地面远程控制需解决采煤工作面信息（包括采煤工作面视频图像，语音，通过传感器采集的环境、采煤机、液压支架、刮板输送机等设备运行和状态信息等）实时可靠采集与上传，地面控制命令实时可靠下传等问题。采煤工作面粉尘大，采煤机工作时有喷雾，造成视频图像不清晰，难以通过视频图像在地面远程识别顶底板煤岩界面等。采用透雾透尘摄像机，可较好地解决采煤工作面视频图像不清晰问题，优于工作面现场肉眼观察。采煤工作面采煤机、液压支架、刮板输送机等设备是移动设备，宜采用无线传输技术。采煤工作面视频图像实时可靠无线上传，要求传输系统传输速率高、时延小、可靠性高。

5G 具有传输速率高、时延小、可靠性高、容量大等优点。在 FR1（450 ~ 6000MHz）频率范围内，5G 的最高传输速率为 1.2Gbit/s（上行）和 2.2Gbit/s（下行）。5G 面向工业互联网应用，支持 0.5 ~ 1ms 空口时延、不大于 5ms 的端到端时延和更高的可靠性。而 WiFi6 平均时延为 20ms，可靠性得不到保证。在传输时延和可靠性方面，5G 优于 WiFi6 等其他常用无线通信技术。因此，采煤工作面和掘进工作面地面远程控制宜选用矿用 5G。

---

① 孙继平 . 煤矿事故特点与煤矿通信、人员定位及监视新技术 [J]. 工矿自动化, 2015, 41（2）: 1-5.

## 四、煤矿井下车辆无人驾驶地面远程控制宜选用矿用 5G

煤矿井下胶轮车、电机车等矿用车辆无人驾驶，是减少煤矿井下作业人员、避免或减少重特大事故发生、提高运输效率的有效措施。矿用车辆无人驾驶包括自动驾驶、地面遥控、自动驾驶＋地面遥控等方法。矿用车辆无人驾驶，需通过矿用车辆精确定位系统和惯性导航系统对车辆定位和导航；通过激光雷达、毫米波雷达、热像仪、摄像机、车载传感器和巷道传感器等感知车辆和周边环境；通过时延小、可靠性高、传输速率高的矿用无线通信系统构成车联网，监测矿用车辆运行状态和环境，控制信号灯、电动转辙机（仅用于轨道运输系统）和车辆运行等。

5G 具有传输速率高、时延小、可靠性高、容量大等优点。5G 面向车联网应用，支持 V2V（VehicletoVehicle，车与车）和 V2I（Vehicleto Infrastructure，车与路边单元）直连通信等。因此，煤矿井下车辆无人驾驶远程控制宜选用矿用 5G。

## 五、没有针对矿井移动通信特点研发的矿用 5G 性价比低

煤矿井下通信从功能上划分，可分为有线调度通信、广播通信、救灾通信、应急通信和移动通信。矿用有线调度通信系统用于日常煤矿生产调度和安全调度，具有不需煤矿井下供电、抗灾变能力强等优点。矿用广播通信系统用于通知煤矿井下作业人员紧急撤离和紧急避险，并具有报告井下灾变情况等功能，日常用于安全生产调度广播。矿井救灾通信系统由矿山救护队员携带，用于救护队员与救援基地、救护队员之间通信。矿井应急通信系统用于灾后遇险人员与地面通信，具有抗灾变能力强等优点，目前有线调度通信系统兼做矿井应急通信系统[①]。矿井移动通信系统用于手机等移动终端之间、手机等移动终端与地面调度室之间通信，具有及时、方便等优点。矿长、矿总工程师、区队长、工程技术人员、班组长、爆破工、安全检查员、瓦斯检查工、流动电钳工、安全监测工、司机等关键岗位和流动作业人员，宜佩戴手机等移动终端。

矿井移动通信系统主要有漏泄移动通信系统、感应移动通信系统、透地移动通信系统、多基站移动通信系统等。目前，矿井移动通信系统主要采用多基站移动通信系统，多基站移动通信系统主要有 4G/5G，WiFi 等。WiFi 矿井移动通信系统具有成本低等优点，但不适用于手机等移动终端移动速度较快的场景。煤矿井下胶轮车和电机车等行驶速度受限，手机等移动终端移动速度较慢，WiFi 矿井移动通信系统可以满足煤矿井下移动通信需求。4G/5G 矿井移动通信系统具有手机种类多、语音通话质量高、可用于快速移动通信等优点，但成本较高。因此，没有针对矿井移动通信特点研发的矿用 5G 性价比低于矿用 WiFi 移动通信系统。

---

① 孙继平，张高敏. 矿井应急通信系统 [J]. 工矿自动化.2019，45（8）：1-5.

## 六、严禁用矿用 5G 移动通信系统替代矿用有线调度通信系统

矿用有线调度通信系统是煤矿安全生产的重要保障，在生产和安全调度中发挥着重要作用。矿用有线调度通信系统主要由本质安全型防爆电话、安全栅、交换机、调度台、电缆和分 / 接线盒等组成。矿用有线调度通信系统在井下没有需要供电的设备，安装在井下的本质安全型防爆电话由地面交换机经安全栅和电缆供电。煤矿井下甲烷超限停电和停风停电等，不影响矿用有线调度通信系统正常工作。当煤矿井下发生瓦斯和煤尘爆炸（包括瓦斯爆炸、煤尘爆炸和瓦斯煤尘爆炸）、煤与瓦斯突出、冲击地压、水灾、火灾、顶板冒落、炸药爆炸等各类事故时，只要电缆不断、电话不坏，系统均能正常工作。迄今为止，矿用有线调度通信系统是煤矿井下最可靠的通信系统，不但用于日常生产和安全调度通信，还可以用于事故应急救援通信，在事故应急救援工作中发挥着重要作用。例如，2007 年 7 月 29 日河南省陕县支建煤矿发生透水事故，共有 69 人遇险，经 76h 营救，遇险人员全部安全升井。事故发生后，遇险人员通过有线调度电话及时将被困人数、位置和状况向地面调度室汇报，为救援提供准确信息，缩短救援时间[①]。矿用有线调度通信系统是煤矿井下安全避险"六大系统"之一。《煤矿安全规程》[②] 规定：所有煤矿必须装备有线调度通信系统；有线调度通信系统通信电缆必须专用。为进一步地提高有线调度通信系统抗灾变能力，有线调度通信系统的矿用本质安全型防爆电话应设置在机电硐室内；电缆应设置在巷帮与底板的夹角处，或设置在压风管路中。

矿用 5G 移动通信系统主要由矿用手机等移动终端、矿用基站和天线、矿用基站控制器、矿用网络交换机 / 路由器、地面调度终端、地面 5G 核心网、光缆、光缆分 / 接线盒、矿用电源（可以与矿用基站、矿用基站控制器、矿用网络交换机 / 路由器一体）等组成。矿用 5G 必须在井下敷设光缆。设置在煤矿井下的矿用 5G 基站、矿用 5G 基站控制器、矿用网络交换机 / 路由器等均由井下电网供电。因矿用备用电源工作时间有限，煤矿井下瓦斯超限停电和停风停电，将影响矿用 5G 移动通信系统正常工作。当煤矿井下发生瓦斯和煤尘爆炸、煤与瓦斯突出、冲击地压、水灾、火灾、顶板冒落、炸药爆炸等事故时，会造成矿用 5G 基站和天线、矿用 5G 基站控制器、矿用网络交换机 / 路由器等损坏，光缆断缆。虽然也可以将矿用 5G 基站、矿用 5G 基站控制器、矿用网络交换机 / 路由器等设置在机电硐室，光缆设置在巷帮与底板的夹角处或压风管路中，但矿用 5G 移动通信系统在煤矿井下的设备较多，并需由井下电网供电，因此，矿用 5G 移动通信系统抗灾变能力远不如矿用有线调度通信系统，难以满足应急通信要求。严禁用矿用 5G 移动通信系统替代矿用有线调度通信系统。

---

① 孙继平，张高敏 . 矿井应急通信系统 [J]. 工矿自动化 .2019，45（8）：1-5.

② 国家安全生产监督管理总局，国家煤矿安全监察局 . 煤矿安全规程 [M]. 北京：煤炭工业出版社，2016.

### 七、没有针对煤矿安全监控特点研发的矿用 5G 不能替代煤矿安全监控系统

煤矿安全监控系统应该具有甲烷、一氧化碳、温度、风速、风压、风向、馈电状态等监测功能；当甲烷超限或停风，发出声光报警信号，并切断相关区域电源，避免瓦斯爆炸等事故发生；具有煤与瓦斯突出感知、报警和断电功能，及时发现事故，撤出遇险人员，避免瓦斯爆炸等事故发生。煤矿安全监控系统在煤矿安全生产中发挥着重要作用。煤矿井下顶板冒落和机械碰撞等，会造成线缆（光缆或电缆）断缆。为有效避免系统线缆断缆和主机故障，影响甲烷超限断电和停风断电，《煤矿安全规程》[①] 规定，当主机和系统线缆发生故障时，必须保证实现甲烷电闭锁和风电闭锁全部功能。

目前，矿用 5G 核心网在地面，控制整个系统工作，地面采用设备和网络冗余，具有较高的可靠性和稳定性。但当煤矿井下光缆断缆或交换机 / 路由器等出现故障，井下系统将瘫痪。甲烷超限或停风后，非本质安全防爆的 5G 基站、基站控制器和交换机 / 路由器等必须停电。因此，不针对煤矿安全监控特点进行二次开发，仅对现有地面 5G 进行防爆改造的矿用 5G，不能替代煤矿安全监控系统。

### 八、没有针对矿井动目标精确定位特点研发的矿用 5G 定位精度低

矿井人员和车辆精确定位技术是煤矿智能化关键技术之一。为遏制煤矿井下超定员生产，避免或减少煤矿重特大事故发生，《煤矿安全规程》[②] 规定，煤矿必须装备矿井人员位置监测系统。煤矿井下人员定位系统在遏制煤矿井下和采掘工作面等重点区域超定员生产、重特大事故发生，搜寻遇险遇难人员，防止人员进入盲巷等危险区域，控制作业人员超时下井，特种作业人员管理，领导下井带班管理，持证上岗管理，井下作业人员考勤等方面发挥着重要作用。矿井人员和车辆精确定位技术还将用于防治违章乘坐胶带，以防止车辆伤人和车辆碰撞，煤矿井下胶轮车和电机车等无人驾驶等。

早期的煤矿井下人员定位系统主要采用 RFID 技术，不能定位，只能判别识别卡在哪个分站识别区。随着煤矿井下人员定位技术的发展，先后研制成功基于 ZigBee，UWB 等技术的煤矿井下人员定位系统，定位误差由数十米、几米发展到今天的 0.2m。

5G 未来的定位目标是定位精度 1m，但目前还没有实现[③]。煤矿井下巷道及巷道中设备和车辆等会造成严重的多径干扰。因此，没有针对矿井动目标精确定位特点研发的矿用

① 国家安全生产监督管理总局，国家煤矿安全监察局.煤矿安全规程[M].北京：煤炭工业出版社，2016.

② 国家安全生产监督管理总局，国家煤矿安全监察局.煤矿安全规程[M].北京：煤炭工业出版社，2016.

③ 彭友志，田野，张炜程，等.5G/GNSS 融合系统定位精度仿真分析[J].厦门大学学报( 自然科学版)，2020，59（1）：101-107.

5G 定位精度低于矿用 UWB 精确定位系统。

## 九、450 ~ 6000MHz 频率范围的矿用 5G 传输速率低于矿用 WiFi6

第三代合作伙伴计划（3rdGenerationPartnershipProject，3GPP）目前发布的 5G 标准的频率范围分为 FR1（450 ~ 6000MHz）和 FR2（24250 ~ 52600MHz）[①]。在我国，FR1（450 ~ 6000MHz）频率范围的 5G 发展较快[②]。中国移动的 5G 频率范围为 2515 ~ 2675MHz 和 4800 ~ 4900MHz，最高上行传输速率为 1.2Gbit/s，最高下行传输速率为 2.2Gbit/s，已在地面应用。中国联通的 5G 频率范围为 3500 ~ 3600MHz，最高上行传输速率为 1.2Gbit/s，最高下行传输速率为 2.2Gbit/s，已在地面应用。中国电信的 5G 频率范围为 3400 ~ 3500MHz，最高上行传输速率为 1.2Gbit/s，最高下行传输速率为 2.2Gbit/s，已在地面应用。中国广电的 5G 频率范围为 702 ~ 798MHz，未见有应用报道。我国 FR2（24250 ~ 52600MHz）频率范围的 5G 还未划分给运营商，实际应用尚需时日，频率范围为 24.75 ~ 27.5，37 ~ 42.5GHz，最高上行传输速率为 10Gbit/s，最高下行传输速率为 20Gbit/s。

在煤矿井下，FR1（450 ~ 6000MHz）频段同 FR2（24250 ~ 52600MHz）频段相比，具有信号传输损耗低、无线传输距离远、绕射能力强等优点。因此，矿用 5G 无线工作频段宜选用 FR1（450 ~ 6000MHz），以提高矿井无线传输距离和绕射能力，提高系统的稳定性和可靠性，减少基站用量、降低组网成本和维护工作量。

WiFi6（802.11ax）的频段为 2.4GHz 和 5GHz，最高传输速率为 9.6Gbit/s。在 FR1（450 ~ 6000MHz）频率范围内，5G 最高传输速率为 1.2Gbit/s（上行）和 2.2Gbit/s（下行），WiFi6 最高传输速率为 9.6Gbit/s[③]。显然，在 FR1（450 ~ 6000MHz）频率范围内，WiFi6 的传输速率高于 5G。因此，没有针对煤矿安全生产特点研发的矿用 5G 性价比低于矿用 WiFi6。时延要求不高的矿井视频图像监视，宜选用矿用 WiFi6，以降低成本和维护工作量。

## 十、带式输送机、供电、排水等固定设备监控和地面远程控制宜选用有线传输

5G 同其他常用无线通信系统相比，具有传输速率高、时延小、可靠性高、容量大等优点。煤矿井下无线传输损耗受无线传输频段，天线位置，巷道断面、分支、弯曲、倾斜、支护和表面粗糙度，巷道中电缆、水管和铁轨等纵向导体，巷道中工字钢等横向导体，巷道中胶轮车、电机车、带式输送机和机电设备等影响[④]。因此，没有针对煤矿井下固定设备监控特点研发的矿用 5G 可靠性低于矿用有线监控系统。带式输送机、供电、排水等固定设

---

① 孙继平，张高敏.矿用 5G 频段选择及天线优化设置研究 [J].工矿自动化，2020，46（5）：1-7.

② 孙继平，陈晖升.智慧矿山与 5G 和 WiFi6[J].工矿自动化，2019，45（10）：1-4.

③ 孙继平，陈晖升.智慧矿山与 5G 和 WiFi6[J].工矿自动化，2019，45（10）：1-4.

④ 孙继平，陈晖升.智慧矿山与 5G 和 WiFi6[J].工矿自动化，2019，45（10）：1-4.

备监控和地面远程控制，宜选用有线传输。

综上所述，煤矿井下有瓦斯等易燃易爆气体，矿井无线传输衰减大等特殊性，制约着5G直接在煤矿井下应用。仅将地面5G产品进行防爆改造的矿用5G，难以满足煤矿智能化建设需求。因此，亟需针对煤矿井下安全生产特殊需求研发矿用5G。

（1）矿用5G宜采用本质安全型防爆。矿用5G基站应按同时工作的多个发射天线的最大总功率考核其防爆性能。应考核矿用5G基站天线的等效电感（含分布电感）和等效电容（含分布电容）。对于发射功率软件可调的矿用5G基站，调控发射功率的软件应固化，确保在正常工作和故障状态下，最大发射功率不增大；不得因设备停电重启、光缆断缆、基站控制器损坏、交换机/路由器损坏、电磁干扰等，造成最大发射功率增大。无法保证最大发射功率不增大的软件调控发射功率的矿用5G基站，应按硬件最大发射功率考核其防爆性能。

（2）用于控制的矿用5G应具有较强的抗干扰能力。在本质安全防爆限制电容量和电感量的条件下，提高5G系统的抗干扰能力，是矿用5G亟需解决的技术难题。

（3）采煤工作面无人或少人作业，宜采用机架联动＋记忆割煤＋地质模型＋地面远程控制方法。采用透雾透尘摄像机，解决采煤工作面视频图像不清晰的问题。采煤工作面和掘进工作面地面远程控制宜选用矿用5G。

（4）煤矿井下车辆无人驾驶地面远程控制宜选用矿用5G，通过矿用车辆精确定位系统和惯性导航系统对车辆定位和导航，通过激光雷达、毫米波雷达、热像仪、摄像机、车载传感器和巷道传感器等感知车辆和周边环境。

（5）WiFi矿井移动通信系统具有成本低等优点。煤矿井下胶轮车和电机车等行驶速度受限，手机等移动终端移动速度较慢，WiFi矿井移动通信系统可满足煤矿井下移动通信需求。5G矿井移动通信系统具有手机种类多、语音通话质量高、可用于快速移动通信等优点，但成本较高。没有针对矿井移动通信特点研发的矿用5G性价比低于矿用WiFi移动通信系统。

（6）矿用5G必须在井下敷设光缆。设置在煤矿井下的矿用5G基站、矿用5G基站控制器、矿用网络交换机/路由器等均由井下电网供电。煤矿井下瓦斯超限停电和停风停电，将影响矿用5G移动通信系统正常工作。当煤矿井下发生瓦斯和煤尘爆炸、煤与瓦斯突出、冲击地压、水灾、火灾、顶板冒落、炸药爆炸等事故时，会造成矿用5G基站和天线、矿用5G基站控制器、矿用网络交换机/路由器等损坏，光缆断缆。因此，矿用5G移动通信系统抗灾变能力远不如矿用有线调度通信系统，难以满足应急通信要求。严禁用矿用5G移动通信系统替代矿用有线调度通信系统。

（7）矿用5G核心网在地面，控制整个系统工作。当煤矿井下光缆断缆或交换机/路由器故障，井下系统将瘫痪。甲烷超限或停风后，非本质安全防爆的5G基站、基站控制器和交换机/路由器等必须停电。因此，没有针对煤矿安全监控特点研发的矿用5G不能替代煤矿安全监控系统。

（8）矿用 UWB 精确定位系统定位精度为 0.2m。5G 未来的定位目标是定位精度 1m，但目前尚未实现。没有针对矿井动目标精确定位特点研发的矿用 5G 定位精度低于矿用 UWB 精确定位系统。

（9）在 FR1（450 ~ 6000MHz）频率范围内，5G 最高传输速率为 1.2Gbit/s（上行）和 2.2Gbit/s（下行），WiFi6 最高传输速率为 9.6Gbit/s，WiFi6 的传输速率高于 5G。因此，没有针对煤矿安全生产特点研发的矿用 5G 性价比低于矿用 WiFi6。时延要求不高的矿井视频图像监视，宜选用矿用 WiFi6，以降低成本和维护工作量。

（10）没有针对煤矿井下固定设备监控特点研发的矿用 5G 可靠性低于矿用有线监控系统。带式输送机、供电、排水等固定设备监控和地面远程控制，宜选用有线传输。

# 第三节　煤矿智能化开采技术的创新与管理

智能化的煤矿开采技术可以实现综合开采设备的全自动化操作，从而达到可视化远程控制状态。我国对煤矿开采技术的智能化研究开发已经有了很大进步和发展，特别是十二五以来，我国不断从技术先进国家引进经验并加以学习，并在此基础上不断研究创新，现已基本实现煤矿开采技术的智能化发展。

## 一、智能化开采技术的核心技术

### （一）远程人工干预技术液压支架自动化运作

液压机运作环境较为复杂，为了使液压机能够正常运作，一般需要大量技术员工对液压机进行实时动态监控，那么这必然会造成大量人力资源的浪费以及公司成本的增加，更重要的是针对出现的问题不能够及时的发现，导致信息反馈不及时，产生的问题得不到及时的解决，最终会造成整体煤炭开采工作的整个运作效率低下。如果实现液压机的运作能够处于实时的监控状态之下，那么这将会大大地提高煤炭开采工作的运作效率。

该技术主要是以实现液压机控制系统与视频监控系统相融合的形式，通过视频监控部门可以实现操作环境处于可视化的状态，同时通过该监控系统远程操作控制还可以实现液压支架能在复杂的环境下自动运转，并能够收集运转过程中产生的相关数据以及相关信息，之后系统会对该信息进行自动整理、分析并报送给相关部门。

### （二）视频监控技术实现综采工作面实时监控

对于煤矿企业来说，在煤矿开采的过程当中，必然会面临开采人员的人身安全问题，尤其是地下煤矿开采活动，为了降低安全事故的发生概率，并且对已发生的事故能够做出及时的响应，就需要在综采工作面安装监控系统，并根据工作面的实际情况设计如何安装，从而能够实现地下环境能被地面监控中心实时动态监控，每天的作业环境以及作业状况可以被及时了解。通过监控中心与指挥中心的互联互通以及相互协作，不仅能够实现工作面的可视化，提高工作面的可视化程度，同时也提高了井下作业的安全性，使得地面指挥中心能及时地捕获到井下作业的相关情况以及安全情况，并能针对突发事故作出及时的反应。

### （三）综采自动化集中控制技术实现设备全面监控

我国大多数煤矿企业已经建立起了一套比较完整的综采自动化集中控制系统，在煤炭开采过程中，可以实现机械设备处于全面控制并且被实时监控的状态。例如，采煤专用设备，液压支架、供电设备等。此外，根据实际工作环境，设计合理的施工工序，实现井下作业控制系统与地面控制中心控制系统集中控制综采工作面的形式，不仅可以实现煤炭开采流程全自动，同时还可以实现井下作业的可视化，从而在很大程度上提升井下作业的安全性以及提高煤炭开采的工作质量。

## 二、煤矿智能化开采技术的有效创新

### （一）创新地质信息系统，完善探测技术装备

在煤矿开采工作中，地质信息十分重要，其是保障煤矿开采工作质量的基础条件，需要构建完善的地质信息系统，从各个维度去掌握煤矿开采的动态化信息，以保障地质信息的精确性。可充分利用智能化技术，优化地质信息系统，为智能化决策提供可靠的参考依据，不断地开发和创新探测关键技术及其设备，自动采集和获取地球物理数据，并对所采集的数据进行科学处理，建立完善的四维动态模型，即地质——巷道模型，设立全方位地多源矿井四维 GIS 云平台，实施三位电子图管理，推动煤矿智能化开采的发展[①]。当前的地质数据已经逐步实现多部门的共享，有专业的软件系统支持画图、编制文档等，工作效率比较高，但是其缺点在于无法实现矿井信息的自动更新，需进一步完善创新体系。第一，矿井 4D 云 GIS 平台，此平台的建设有利于加强对地震资料、生产实测数据、矿井 GIS 图件等资料的一体化管理，有利于实现大数据共享服务平台，基于移动客户端来开发高效的矿图管理系统；第二，实施全数字高密度三维地震数据采集技术，提高物探技术水平，大力推广钻孔岩性探测技术，实施 3D 地震数据采集技术。在 GIS 技术的基础上，全面构建三维数字模型，以便全面地掌握煤矿的实际状况，在实际开采施工中，不断更新各项参数，优化数字模型，构建四维的动态化模型，可全方位查询历史参数，使矿井的各项信息更为透明。

### （二）实施智慧煤矿物联网技术

为了使煤矿开采技术更加智能化，作出正确的自动化决策，需要保持良好的煤矿开采

---

① 范京道．煤矿智能化开采技术创新与发展 [J]．煤炭科学技术，2017（9）：65-71.

环境，引入先进的智能化设备。当前，在煤矿开采工作中，已开始使用监控系统，对煤矿生产工作进行全面监督和管控，可起到良好的作用。但由于监控系统的厂家各有不同，每个平台的数据接口有一定的差异性，导致平台间的数据难以实现共享，处理数据时较为独立，没有融合，容易形成信息孤岛，产生数据碎片化现象，不利于煤矿智能化开采模型的构建。基于此，应创新煤矿智能化开采技术，有效应用物联网技术，使数据和数据之间互相连通，打破数据壁垒，增强人员与人员之间的交流与沟通，帮助人员全面地了解设备的各项数据参数，为煤矿智能化开采工作奠定扎实基础。

从以下两个方面进行创新：一方面，需要提供物联网位置服务。利用超宽带定位技术，帮助煤矿开采工作了解复杂环境中的各项参数条件，如温度、湿度、不同介质条件下的定位等。建立健全的协同定位平台，利用激光雷达进行准确定位，根据基站晶振误差的自动补偿，对人员、设备位置进行定位，计算其速度和加速度，保障各项设备的正常运转，避免设备和设备间发生碰撞；另一方面，充分发挥物联网云计算服务的作用，基于分布式计算技术，实现科学的大数据处理，实施有效的数据分析工作，为决策者提供可靠的信息。其涵盖的数据类型包括但不限于生产管理数据、时序数据、音视频数据等；所采用的数据分析方法有回归法、分类法等。

## （二）创新巷道智能化快速掘进技术

在煤矿开采施工过程中，巷道掘进环节十分重要，直接关系煤矿生产的最终效果。当前在巷道掘进施工过程中，所采用的主要是单体锚杆钻机，其效率并不高，所需要的施工时间比较长，而且在工序上具有一定的复杂性，不具备准确的定位功能，所使用的掘进设备较为落后，不利于巷道掘进工作的长远发展，难以实现煤矿开采的智能化。为此，应创新巷道快速掘进技术，实施远程智能管控平台技术，改变传统的巷道掘进技术模式。可从以下方面着手：第一，应用快速支护及掘支平行作业技术。一方面，制定柔性自移临时支护系统，以便自动支护掘进设备，拓展机身防护范围，简化掘进支护工序，使之分散的生产工序统一，以便快速地进行生产作业，另一方面，可利用现代智能化技术，研发锚杆支护机器人，利用联网技术、自动铺网技术，实现支护工作的智能发展，代替人工作业，节约人力成本，提高其施工安全性；第二，创新自主导航与自主连续截割技术，加强对煤岩硬度的研究，掌握截割刀具的力学特性，研发全巷道高效自适应集料系统技术；第三，不断地优化智能化掘进支护施工设备，为掘进支护施工提供重要的工具保障。

## （四）创新智能化无人开采关键技术

在创新煤矿智能化开采技术的过程中，可充分应用现代科学技术，逐步实现开采工作的无人化模式，真正实现智能化、自动化管理。利用现代机械设备，完善煤矿开采信息系统，通过准确的矿井下定位导航以及图像智能识别技术，实现自动化控制，智能化处理煤矿开采中的各项状况，提高煤矿智能化无人开采技术水平。为实现这一技术形式，应做到以下几点：第一，加强对工作面三维激光扫描技术的研究，完善矿井下地图的构建工作，可有效应用三维激光扫描仪、红外双视摄像仪、UWB雷达等技术；第二，利用高效的防爆视觉传感器，其具备良好的除尘、去燥、去雾功能，可对采集的矿井下视频、图像进行有效储存；第三，提高综采装备水平，对其进行实时动态监控，了解其运行位置，同时做好位置检测工作。

## 三、煤矿智能化开采技术的管理

通过上述分析可以得出，目前我国大多数煤炭企业基本已经实现了煤矿的智能化开采。内参的智能化开采不仅能给煤矿企业节约了成本，还可以帮助煤矿企业提升产出效率以及提高煤炭开采的安全系数。而煤矿企业如果想在众多企业中脱颖而出，就需要对目前的煤矿开采技术进行不断地创新并能够实现现代化的管理。

### （一）采煤机与液压支架信息实时交互技术的开发

提高煤矿企业的煤炭开采效率，实现煤矿企业智能化开采技术的不断创新对企业来说就显得尤为重要。而在现有的开采技术当中，采煤机以及液压支架并不能够实现信息的实时动态共享，这就很容易出现采煤机与液压支架不能够很好的进行配合，这就使得三角煤截割工艺得不到很好的实施，从而严重影响煤炭开采的效率。而采煤机与液压支架信息实时交互技术的开发不仅可以实现两者之间信息传递及时有效，还可以使三角煤截割工艺得到很好的施行，从而提高企业的自动化切割水平以及煤炭开采效率。而该技术更加注重设备之间的协调性，比如，当采煤机工作尚未完成时，液压支架会立刻接收到该信息，从而降低其自身的运转速度来等待采煤机运转进度与液压支架保持一致，之后采煤机以及液压支架共同进入下一工作流程；反之，如果液压支架工作尚未完成，采煤机也会立刻接收到该信息，之后降低其自身的运转速度来等待液压支架运转进度与液压支架保持一致，然后同时进入下一流程。

### （二）远程操作控制管理系统的优化

施工作业安全问题一直是我国煤炭企业比较关注的问题，因此，对于煤炭企业的井下开采工作来说，优化远程操作控制管理系统就显得十分重要。该系统的优化不仅可以提高井下施工作业的安全问题，还可以提高远程人员对综合作业面进行人工干预的效率，所以，在对远程操作控制管理系统进行优化的过程当中，可以更新快捷操作界面，当遇到紧急情况或问题时，地面操作人员通过该快捷操作界面可以根据具体问题或具体情况快速找到对应的操作按钮，从而实现对紧急问题或突发情况做出快速反应，降低安全事故的发生概率，减少企业不必要成本的支出。例如：当液压支架出现丢架或是漏堆等情况时，该操作控制管理软件可以快速作出反应并触发报警模式，地面相关的工作人员接收到报警信息后可以根据快捷操作界面快速地找到应对该状况的处理按钮，对该问题进行快速处理，并对出现问题的地方进行实时监控，如果是缺架问题，可以通过该系统实现快速补架，从而使得设备能够正常运作，提高煤炭的开采效率。

### （三）加强综采工作面找直技术

在煤炭实际开采过程当中，煤炭表面的平整度以及液压支架的直线度对综采工作面是否稳定会产生严重的影响，这会直接导致产出质量以及产出效率，从而影响企业效益。因此，在实际煤炭开采工作中，为了使综采工作面的智能化以及开采工作运转的稳定性都得到进一步的提升，就需要对综采工作面的找直技术进行改进、优化并加强。通过对综采工作面找直技术的优化，并利用自动化的巡逻检查设备、导航仪以及热成像仪等设备仪器，以实现井下采矿作业全流程的实时动态监控，并对相关设备的运转情况，原煤炭矿石周围的环境等信息进行收集、加工、处理以及分析，监控系统根据最终汇总得出的结论，来控制综合工作面自动修正找直，从而提高整个采矿的工作效率以及产出质量。

### （四）创新综采智能化管理平台

对煤矿企业来说，加强对煤炭开采智能化信息系统的管理也是非常重要的。煤炭企业在引入煤炭智能化管理系统的过程当中，需要结合企业的实际情况，以大数据平台为依托，借助云技术等当下比较先进的技术，来建立起符合自己企业实际情况的综采工作面智能化管理系统。在该管理系统中，应当包含以下几个模块：监控模块、故障分析模块、环境监测模块等，对应的模块应该具有相应的功能，比如，监控模块要能够对各生产环节的生产情况进行实时监控；故障分析模块要能够对相关机器设备的运转情况、出现故障的具体部位以及具体原因，在短时间内将相关信息反馈给相关人员，通过该系统可以实现相关人员对整个煤炭开采情况的全周期，精细化的智能管理。在综采工作面的智能化管理系统当中，相关的管理人员和相关的技术人员，通过权限设置，可以登录该系统平台，实时了解煤矿开采的实时状况，相关开采设备的运行情况以及井下开采作业的环境安全情况，从而可以针对具体发现的问题做出及时反馈，以此来提高煤炭开采的工作效率，节约企业成本，提高企业的竞争力。

## 四、现阶段煤矿智能化开采技术推广应用中存在的问题及未来发展趋势

现阶段，煤矿智能化开采技术推广应用中仍然存在一定的问题，受到制约，主要表现在以下几个方面：第一，煤层条件的影响。煤矿开采环境较为复杂，较为艰难，部分煤矿在智能化开采技术的支持下，煤层较为稳定。但有部分煤矿的开采条件过差，地质灾害频发，即使对其进行超前治理，也仍然难以通过现有的技术使煤层更加稳定，存在较大的安全风险，需要应用无人综采技术来实施开采工作。但目前在无人综采技术的推广和应用方

面还存在一定的问题；第二，受管理水平的影响。煤矿智能化开采技术，对机械设备的要求比较高，考验装备技术的水平，要求煤矿企业有较强的软实力，否则难以在煤矿开采实践中推广和应用智能化开采技术。部分煤矿企业还未制定科学的生产标准化制度，没有实施精细化管理，忽视了煤矿生产的安全性，直接影响了智能化开采技术的有效应用；第三，受技术成熟度的影响。目前，部分煤矿智能化开采技术采仍然处于初步研发阶段，整个技术的应用还不够成熟，并且遇到瓶颈，导致煤矿智能化开采技术无法有效的推广和应用；第四，受人员素质的影响。当前煤矿开采工作人员的专业技能及其职业素养都有待于进一步提升，其难以驾驭全新的智能化开采技术，需要予以系统化的培训。

煤矿智能化开采技术应朝着无人化开采目标前进，要加强对智能化开采技术的研究，提升智能化开采装备水准。具体发展趋势如下：第一，专注于厚煤层、薄煤层的智能化综采技术发展。基于煤矿智能化开采技术顶层设计的要求，进行科学的规划，实现高智能化综采技术研究，积累中厚层煤矿智能化开采的经验。研发适合厚煤层和薄煤层开采的智能化技术，对其关键工艺进行有效研究，充分利用大数据技术和智能化技术；第二，针对当前复杂的煤矿情形发展高效的智能化综采技术，全面了解现如今煤矿开采区域频发的地质灾害以及其复杂的地质环境特征，研究处理煤矿开采中常见问题的技术措施，加强煤矿智能化开采安全管理。

通过上述分析可以看出，随着信息技术的不断发展，云技术、大数据时代的到来，煤炭行业如果想恢复改革开放时期的繁荣景象，就必须紧跟时代步伐，运用大数据，结合云技术将智能化技术运用到开采工作当中。因此，对于煤矿企业来说，首先管理层要意识到智能化开采技术的重要性，然后积极并大力鼓励提倡煤炭的智能化开采，并对煤炭开采智能化的关键技术进行实时创新，从而使企业紧跟时代潮流，提高企业煤炭开采的工作效率，为企业带来经济效益，提升企业竞争力。

# 第六章 煤矿智能化无人综采技术

## 第一节 智能化无人综采技术发展

随着科技水平的不断提高，促进了我国工业技术和网络技术水平的不断提高，相应地也影响着我国产业趋势的变化。智能化是未来各行各业发展的总体趋势。我国目前煤矿一线工人长期受到工作性质和恶劣环境的严重影响，煤矿安全问题始终是受关注的重要问题。因此，相关工作者将机械化、智能化引入矿井实际工作中。智能化开采技术在综采工作面中的投入应用，不仅实现了开采无人化的目标，同时还可以促进综采工作的创新发展，是完全适应时代前进发展的新技术①。

### 一、智能化开采发展

20 世纪 90 年代，德国、美国、澳大利亚等国家都基于工业自动化和远程可视化监控，提出了相应的智能采矿技术方案，实现对采煤机、液压支架、刮板输送机等设备的控制。1990 年，德国推出了以"设备程控"为特征的综合机械化电液控制自动化系统；2000 年后，澳大利亚工业组织研发了以设备定位技术为核心的自动化系统；同时，美国的公司还提出了虚拟开采的想法，实现对地面的远程监控；德国公司开发了具有防撞、智能控制、切割模板等功能的智能采煤机②。

20 世纪 90 年代，我国先后于 1991 年和 1996 年进行研发投入，分别由北京煤机厂、郑州煤机厂、煤炭科学研究总院太原分院进行电液控系统的研发，尽管获得了一些成绩，但由于多种原因，并没有获得较为广泛的推广应用。2001 年 7 月，北京天地玛珂电液控制系统有限公司宣布成立，刚一开始就面向外企提供专业服务，渐渐开始自主研发，于2005 年完成电液控制系统控制器研制；2008 年，完成整套工业性试验并通过鉴定；2007 年，四川省神坤装备股份有限公司的电液控制系统研制项目验收合格；2009 年 10 月，郑州矿机集团有限公司的电液控制系统完成井下试验并通过了相关技术鉴定；2009 年 11 月，平阳广日机电有限公司也相继完成了液压支架电液控制系统的研发。2011 年，北京天地玛

---

① 范京道.煤矿智能化开采技术创新与发展 [J].煤炭科学技术，2017，45（9）：65-71.

② 李首滨.智能化开采研究进展与发展趋势 [J].煤炭科学技术，2019，47（10）：102-110.

珂电液控制系统有限公司研发的 SAM 型综采自动化系统顺利达到安全标准要求，并开始推广应用，大幅度地促进了智能化开采技术的创新发展。2017 年 9 月，郑州煤矿机械集团有限公司综采自动化系统开始工业试验应用[①]。

目前，国内智能化开采技术已完成"液压支架电液控制系统、采煤机记忆切割和可视化远程干预控制"的结合，实现了液压支架自适应控制、工作面"三机"联动、自动放顶煤等关键技术，建设了一批智能示范工程。在神东煤业集团、宁夏煤业集团、中煤集团、陕煤化工集团、大同煤业集团、阳泉煤业集团、平顶山煤业集团、晋城煤业集团、峰峰集团、新集口梓潼等 40 多个矿区进行了智能开采试验生产[②]。

## 二、智能化综采的应用

### （一）小青矿中厚煤层智能化开采

通过对智能化设备生产厂家及智能化技术应用的煤矿进行学习考察，检索、采集开采资料，本着"降低创新成本、缩小同行业差距、争取投资收益最大化"的原则，根据小青矿井下的实际生产条件，通过收集相关技术资料，经与科研院所多方论证，最终确定工作面主体设备采用鸡西煤矿机械制造有限公司的采煤机，液压支架由铁法能源公司生产配套，输送机、转载机、破碎机由宁夏天地重型装备科技有限公司生产配套，液压泵站由无锡煤矿机械厂生产配套；智能控制及智能集成供液系统由北京天地玛珂电液控制系统有限公司生产配套；通信系统由天津华宁电子有限公司生产配套，在小青矿中厚煤层的 N2-407 综采工作面进行智能化采煤。组织国内外有关专家进行全面论证，一致认为，整合后的系统技术性能完全达到智能化综采工作面的国内先进水平，方案科学合理、经济可行，开创了小青矿、铁法能源公司乃至辽宁省煤矿生产的"采煤技术革命"。

### （二）N2-407 工作面智能化总体构成

采煤机、支架、运输控制等控制系统与供电系统结合，实现联控联动和智能遥控。控制系统由综采单机设备、运行监控中心和地面三部分组成，如图 6-1 所示。自动化工作面集成控制系统总体方案如图 6-2 所示，工作面自动化控制网络系统如图 6-3 所示。

---

① 李首滨. 智能化开采研究进展与发展趋势 [J]. 煤炭科学技术，2019，47（10）：102-110.
② 孙斌. 煤矿智能采矿机械应用现状及发展展望 [J]. 现代矿业，2019，11（17）：198-200.

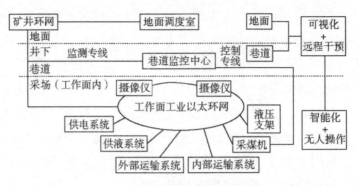

图 6-1　总体构成

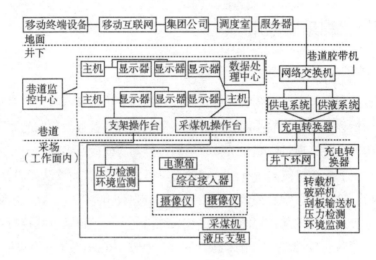

图 6-2　自动化工作面集成控制系统总体方案

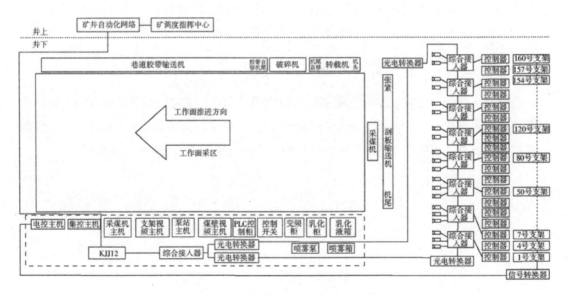

图 6-3　工作面自动化控制网络系统

### 1. 工作面设备

采煤机、支架、"三机"、泵站及供电等控制系统。

### 2. 运输巷监控指挥中心

对工作面的设备、系统、顶板、煤壁、采煤、运输、移架等所有工作条件应进行远程监控、控制和操作。

### 3. 调度生产集中监控指挥中心

综采工作面所有的设备、系统运行状态、生产状态、安全状态，通过环网实时传输到调度生产集中监控指挥中心，生成拟态实景，同时由专职工作人员进行控制指挥生产。

## （三）三大核心技术

### 1. SAM 型综采自动化控制系统

综采工作面自动控制系统分为"脑"工作面监控中心、"神经网络"工作面工业以太网、"眼睛"工作面视频系统、"耳朵"工作面语音通信系统和"思维"工作面控制模型（图 6-4）。

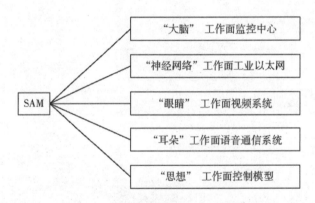

图 6-4 SAM 型综采自动化控制系统

N2-407 综采工作面自动控制系统综合应用工业控制、以太网、无线、视频、音频、通信、液压等多种交叉技术，完成分布式集成控制系统，综采设备实现自动控制，完善了综采生产过程中"以工作面自动控制为主，监控中心远程干预控制为辅"的自动化生产模式，可以进行工作面截割、移动、滑落、运输等工序智能化作业，确保各项设备的协调、连续、高效、安全，减少综采面一线工人数量，真正实现"少人则安，无人则安"的目标。

### 2. SAC 型综采自动化控制系统

液压支架电液控制系统（SAC）是一套完整的控制液压支架动作功能的系统。在采煤机和支架上安装红外收发器，实现了采煤机位置方向和工作面推进度的精确定位，使得输送机推进和液压支架的推进一致。该系统由工作面电控系统、电液控制换向阀、通道监控主机系统、井下数据传输系统和滤波系统组成。

### 3.SAP 型综采自动化控制系统

智能综合供液系统（SAP）旨在为智能综采工作面液压系统提供完整的解决方案，为智能综采工作面提供恒压、容积、比例稳定的优质乳化液，其工况移架等所有工作条件应进行远程监控、控制和操作。

## （四）四项关键技术

### 1. 液压支架跟机自动化技术

结合开采工艺，根据传感器传递的倾角、液压支架姿态、采煤机实时状态等信息，把整个生产过程分为不同阶段，对中部跟机、后部跟机、端部斜切进刀等进行自动决策和控制，实现了工作面液压支架智能化分析（图6-5）。

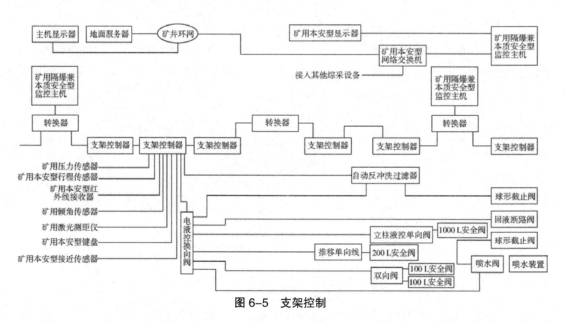

图 6-5　支架控制

### 2. 采煤机记忆截割技术

记忆切割控制程序实现了采煤机在工作面的自动记忆切割操作，并根据采煤工艺的需要对配置进行了相应修改。将采煤机操作设定为学习模式，手动控制采煤机采煤（示范刀），此时控制程序将所有割煤参数进行储存，并根据工作面的状态及采煤工艺的需要，及时作出改变。采煤机智能运行时，可根据储存的截割轨迹自动截煤。当煤层条件发生变化时，可就地或远程干预。

### 3. 视频监控技术

在智能化综采工作面输送机头、转载机头和工作面液压支架上均安装视频监控摄像仪。其中，液压支架上视频监控摄像仪分为两种，监视上帮煤壁状态的每六架安设一台，监视采煤机运行状态每三架安设一台。在工作面安装摄像头，实现采煤机自动跟踪、自动完成视频转换、视频连接等功能，为工作面远程监控提供"沉浸式"的视觉体验，实现远程生产指导。综采面视频系统如图 6-6 所示。

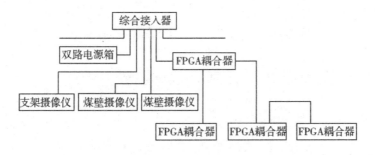

图 6-6　综采面视频系统

#### 4.远程集中控制技术

远程集中控制技术是在列车或地面建立"综合监控中心"，使用"一键启停"按钮，使设备按顺序在工作面逐个启动。数据上传速度快，控制信号实时释放，延时稳定控制在 200ms 以内；若生产过程中出现偏差，如工作面煤层位置变化或支架参数扰动影响工作面正常进度时，可及时进行手动远程干预，以确保生产安全顺利进行。

## 三、应用效果

小青矿 N2-407 智能综采工作面是辽宁省首个智能化综采工作面，在辽宁省中厚煤层且地质复杂条件下，已成为具有代表性的智能采煤工作面。采用国产成套装备和智能化控制系统，实现了工作面采煤机记忆截割 + 支架全工作面跟机自动化的技术应用；无人跟机作业，两人巡视，实现了"少人则安、无人则安"的目标。

此项目的顺利运行，达到了以下效果：①大幅度地降低了工作面一线工人的劳动强度，用设备的智能化、自动化作业替代人工劳动，提高了生产一线工人的职业健康水平；②将生产一线工人从存在安全隐患的工作面换到相对安全的地面和巷道监控中心工作，对工作面的设备进行远程控制，提高职工的安全系数。招揽人才努力学习业务，加强岗位技能培训，掌握多种专业知识，学习智能技术，培育出了复合型、智能化的人才队伍，为今后的智慧矿山建设夯实人才基础。

## 四、存在的问题

（1）成套装备在各控制系统、传感器等方面的稳定性、可靠性有待加强，对智能化综采工作面的开采技术支撑有待改进，设备检修维护量较大。

（2）采煤机截割记忆控制技术仍只适用于煤层倾角小、地质构造相对简单的煤层，对于煤层倾角和地质条件变化较大的地点仍需进行技术改革。

（3）利用视频监控技术使工作人员在控制室可以观察到工作面的情况，但在实际开采过程中，仍要依靠操作者的经验和主观判断，缺乏客观依据，检查面临观测视角有限、采光效果差、煤尘干扰等诸多问题。

（4）技术型、知识型、创新型人才缺失，难以适应智能化工作面的开采需要。

## 五、来智能化开采技术研究重点与趋势

目前，我国的矿井开采智能化正处于升级改造与结构调试的重要时期，在新网络技术与传统产业深度融合的新形势下，各行业都面临着巨大的技术变革，其中，智能化技术与传统成套设备的融合，实现产业升级改造成为重要的发展趋势。煤炭行业受到安全、环境等因素的影响更为严重，对智能化技术和设备的要求更为严格，需求更为迫切。因此，开展以实现工作面开采无人化为目标的智能化开采技术和配套设备的研发，对煤炭行业的发展具有重要且深远的意义。[①]

### （一）复杂地质条件下智能化综采技术

详细分析矿井复杂地质条件和灾害存在的隐患对智能开采技术应用的制约，解决推广应用在复杂开采条件下矿井的诸多问题，建立安全保障体系，实现安全生产环境，特别是对各种致灾因素的实时监控和管理保障信息系统，实现智能化开采系统在复杂开采条件的应用，从而形成不同地质条件下的全面智能化开采技术和设备系统，实现智能化综合开采技术在矿井开采的全面应用和推广。

### （二）厚煤层智能化综采技术

按照顶层设计、科学规划、分步实施的原则，逐步开展关于大采高智能综合开采技术的研究。参考中厚煤层智能化开采技术成功应用案例的经验和教训，逐步制定出与大采高工作面匹配的智能化技术路线、关键技术和开采工艺，形成"以设备智能运行为主，人工干预为辅"的新智能化生产模式。与此同时，针对大采高智能化开采技术的难点和特点，不断地尝试新技术、新思路，解决大采高智能综合开采技术研发过程中的诸多问题。

### （三）综采智能化前沿技术研发

在现有技术的基础上，继续进行理论性研究和技术上的突破，逐渐完善智能化综采控制系统的适用性和实用性。加快综合矿山设备在智能检测、智能导航、智能控制技术等方面的研究，不断地提高设备智能感知、自主判断、智能控制能力，解决工程质量、煤岩鉴定等技术难题。

目前，我国智能无人开采技术还有很大的发展空间，在技术和管理等方面还有许多问题需要解决。智能化采煤已成为行业发展趋势和国家发展战略。要实现更高水平的智能开

① 王学文,谢嘉成,郝尚青.智能化综采工作面实时虚拟监测方法与关键技术[J].煤炭学报,2020,45（2）：1-13.

采，需要在地质、信息技术、智能机械、高精度传感技术、先进管理技术等领域进行创新突破，其中智能采矿设备是核心。煤炭机械设备的发展，既要吸收人工智能、现代通信等先进技术，同时又要符合智能开采的发展方向，基于此，才能生产出智能煤矿设备。

# 第二节　智能化无人综采的关键技术

　　煤炭作为我国当前阶段市场经济发展过程中最为基础的能源之一，在我国能源资源消费总量中所占比例高达 94%，为我国国民经济的发展提供了坚实的能源保证。根据开采方式的不同，目前国内煤炭开采方式一般可以分为露天开采和井工开采两种。井工开采模式在我国的应用最为普遍，所占比例 > 90%。作为井工开采过程中至关重要的生产空间，采掘工作面对于煤炭开采的整体效率具有决定性的影响。通常情况下，采掘工作面包括掘进工作面和回采工作面两种。两者的比例一般为 3 : 1 左右。现阶段，回采工作面的机械化程度普遍较高，通常在 90% 以上①。事实上，随着当前阶段综采工作面智能化技术、自动化技术以及信息化技术的不断发展和完善，综采工作面的整体生产效率得到了极大的提升，但是在客观上加剧了矿井采掘衔接矛盾，给井下生产作业的安全性带来了较大的负面影响。除此之外，煤矿灾害事故多集中于采掘工作面。从相关部门提供的统计数据来看，掘进事故在近年来我国煤矿安全事故中所占比例高达 40% 以上，是目前国内煤矿重大事故的多发点。在当前的市场经济环境下，我国井下作业煤炭综掘工作面的工作人员，仍然面临着高湿度、高粉尘以及高噪声的操作环境，同时存在瓦斯爆炸、地压冲击以及底板突水在内的多种高风险因素。从该角度来说，采掘工作面不仅是当前阶段煤炭开采过程中工作环境最为恶劣、安全性最低的工作场所，而且是自动化水平最低的作业环境。因此，对采掘工作面自动化技术进行研究，具有重要的现实意义和理论价值。

## 一、智能化开采技术的应用现状分析

　　与国外发达国家相比，我国煤矿综采工作面智能化开采技术相对落后。但是，经过多年的发展，国内煤矿综采工作面智能化开采技术已经逐渐被应用到煤矿生产工作中②。借助煤矿综采工作面智能化开采技术，煤矿企业的日产量大幅度地提升，开采效率提高，同时智能化监测方式的使用也进一步延长了煤矿的开采时间③。随着我国煤矿开采技术的发展，煤矿自动化开采效率与可靠性大幅提升，煤矿开采技术逐渐向智能化方向发展，煤矿

---

①　张彩峰.塔山煤矿综采放顶煤工作面智能化开采技术的探讨及应用 [J].煤矿机电,2018( 2 ): 68-73.

②　孙强，宋广占，薄文忠.浅谈煤矿综采工作面智能化开采 [J].山东工业技术，2018（8）：81.

③　孙强，宋广占，薄文忠.浅谈煤矿综采工作面智能化开采 [J].山东工业技术，2018（8）：81.

开采设备利用率大大提高，伤亡事故率大幅降低①。当前国内煤矿综采工作面智能化技术主要包括远程管控采煤技术和智能无人采煤技术。

煤矿综采工作面工作环境通常比较复杂，工作空间较小，周围环境的温度和湿度较高，同时还有大量的煤尘。技术人员在操作时如果遇到瓦斯爆炸、透水等事故时就会产生伤亡事故。煤矿综采工作面设备系统复杂，依靠人工操作不可避免地会出现一些操作不当的情况，使设备安全性得不到保证。因为不同设备的运行状态是独立的，相互之间不能有效地融合，也不能集中控制和处理，所以加强时煤矿综采工作面智能化开采技术的研究具有非常重要的意义。

当前国内煤矿综采工作面智能化开采技术中存在以下三方面的问题：①综采自动化与智能化设备的可靠性较低，尤其是一些高精度仪器的关键元器件、部位可靠性仍存在差距。②综采过程中精准定位、煤岩界面区分、三维地质模型模拟等发展还存在很大的不足。③煤矿生产系统的布局与优化、自动化开采配套设施上线使用和综采智能化技术发展之间还存在差距，甚至在一定程度上制约了综采智能化技术的应用。

## 二、综采工作面智能化开采技术体系设计

### （一）综采工作面智能化开采工序

煤矿综采工作面智能化开采体系以煤炭为输入对象，以煤炭、支护巷道为输出对象，以传感器、控制器和视频等为基础，通过电液控制模式实现智能化开采②。因为煤矿综采工作面的信号较多，并且有些信号之间存在一定的交叉，所以信号繁杂。综采工作面智能化开采主要包括探测工序、生产作业工序和视频工序。其中，探测主要对岩层、地质和瓦斯含量等进行测量；生产作业分为煤炭切割、巷道支护以及输送等；视频包括瓦斯检测和供电排水等。

### （二）综采工作面智能化开采控制系统

煤矿综采工作面智能化开采控制系统主要包括视频监控系统、围岩探测系统与生产控制系统块三个子系统，具体如图 6-7 所示。

视频监控系统借助虚拟现实基础建立三维采矿环境，实现对采矿工作的模拟。通过视频监控技术可以实现与操作人员的互动，了解不同模拟空间的运行情况。视频监控可以对空间的状态、物体运行情况以及周围事物进行了解，实现相关运行设备的动态化图像监控。

---

① 郭胜帅.浅谈冲击地压矿井复杂水文地质条件下大采高智能化工作面建设经验[J].内蒙古煤炭经济，2019（12）：78，83.

② 孙强，宋广占，薄文忠.浅谈煤矿综采工作面智能化开采[J].山东工业技术，2018（8）：81.

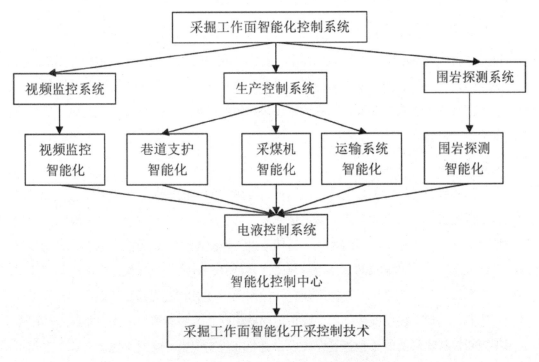

**图 6-7　采掘工作面智能化开采控制系统图**

　　生产控制系统以采煤技术需求为基础，可以设计多种运行方式，实现对联动管控刮板运输机与支架的协调。通过先进的传感技术实现采煤机支架运行状态信息采集工作，对采煤机具体位置和运动轨迹进行预测，使闭锁采煤机和其他设备可以有效联动。通过应用智能采煤机设备可以对煤炭分界进行自动探测，以采煤技术为基础形成系统化的煤炭开采体系。监控中心的采煤机远程操控平台可以对采煤机的位置进行监测，并且对采煤机的运行情况进行了解。然后，煤矿机器人与智能化装置可以替代原有的人工运输方式，促进运输系统的智能化。煤炭、材料与补给的智能化控制会受到综采工作面的空间、搬运等的影响。

　　围岩探测系统主要对采煤机周边的围岩情况进行自动探测。随着智能化控制技术的发展，新型煤炭开采设备逐渐被应用到生产中，煤炭产量大幅提升，由于瓦斯随之大量涌出，因此对回采巷道断面提出了更高的要求。大断面巷道与普通断面巷道破坏规律相同，在巷道开挖后需要采取有效的支护措施，以避免巷道破坏区与塑性区变大。破坏区和塑性区的扩散也需要时间，如果能及时地对煤炭巷道采取高预紧力锚杆支护措施，就可以提升煤炭的峰值和强度，保证巷道稳定。所以，采用高预紧力锚杆支护是围岩变形控制的关键。在进行综采面智能化开采时需要对巷道变形进行探测与智能控制，对大断面巷道围岩稳定机理与变形进行分析，实现对围岩变形的及时预测，以达到智能化控制煤炭开采的目的。

## （三）综采工作面智能化的实现

### 1. 全自动控制启停技术

以一键启停为核心的全自动启停技术，在实际应用过程中能够有效地控制掘进面的相关功能，例如，泵站启停、刮板输送机启停等。通过对工作面综采设备的整体运行工况的实时监控，相关操作人员在发现问题后可以快速地切换到手动操作模式，对设备的运行模式加以干预和控制。

### 2. 自动化高效协同技术

在实际的应用过程中，行走编码器和行程传感器的有效配合，为采煤机智能控制系统的正常运行提供了基础性的支持，是记忆割煤、远程干预等功能顺利实现的基础。根据存储系统中的记忆曲线，结合调高系统的反馈信息，调整滚筒的位置参数，然后借助编码器的记忆运算能力，对采煤机的整体运行距离进行计算，最终完成煤炭的自动切割、开采。按照工作视频以及主机系统所提供的信息，操作人员可对其进行远程控制；同时，增加了多个传感器，例如，护帮板传感器、倾角传感器和测高传感器等。其中，护帮板传感器主要用于判断护帮收起的位置是否符合要求，避免液压支架影响煤炭采割。在单个支架移动时间为15s的情况下，可支持采煤机以0.1m/s的速度前进。采煤机按照记忆曲线的"象限"分割，精确整合支架全工作面和采煤机阶段点，为煤炭开采自动化水平的有效提升提供了极大的支持。

### 3. 三控融合技术

在实际操作过程中，需要串联控制系统、CST 控制系统以及自动化控制系统。在实际的应用过程中，CST 自行控制 CST 离合器流量、输出比例、输出温度、比例阀输出以及输出压力等相关参数，并且在出现故障信号后可自行停车。监控系统在这里主要负责皮带的带速、张力以及烟雾等相关保护参数的控制。综采 SAM 系统将多种信号进行有机融合后，实现对操纵指令的收发。从整体上来说，系统负责开停机信号、执行语音；自动化控制系统提供指令；CST 根据命令按照"三控"逻辑方式运行，从而提供一键启停功能。

# 三、综采工作面智能化管理体系构建

## （一）顶底板生产工艺体系构建

### 1. 数据处理

采区煤层数据中增加生产实测数据，提高顶底板数据的精准性，同时通过一定的算法对采区煤层进行剖切，以获得顶底板剖面数据。

### 2. 顶底板模型环境建立

结合综采面边界数据，建立综采面顶底板模型环境，达到不同条件下顶底板数据转化的效果，为顶底板模型环境建立提供基础。在一定条件下，通过计算机算法将顶底板数据以工作面推进的顺序进行排列，产生相应数据链，促进顶底板模型的建立，方便后期数据获取。

### 3. 顶底板生产工艺模型构建

在对顶底板数据进行处理之后，采用科学的模型构建方法直接决定了综采面生产工艺模型的成败。在使用 AutoCAD 进行分析后，可以看出顶底板模型分为直线、多段线和曲线等。本节所采用的顶底板生产工艺模型构建方法具体为，通过数据构建多段线，把多段线拟合成圆弧样条曲线，在该基础上建立煤层底板剖面模型。

## （二）采煤机生产工艺体系构建

采煤机生产工艺也是综采面生产的关键环节。

### 1. 数据来源和处理

采煤机生产工艺模型中的数据包括两个部分，即一刀煤顶底板剖面模型数据（主要指一刀割煤顶部的实际截割线和割煤底部实际截割线数据）和采煤机模型参数，这两类数据对采煤机是否可以正常运行有直接影响。按照数据的来源把采煤机生产工艺数据划分为两类，把不同数据按组进行编号，得到采煤机生产过程数据链，为后期数据的获取提供方便。

### 2. 采煤机生产过程环境构建

采煤机进道完成以后，开始进行正常割煤时，采煤机应在一个平面内进行作业。建立采煤机生产过程环境，为采煤机模型构建提供方便。在过程环境构建时，以采煤机推进方向作为 X 轴正方向，顶板方向作为 Y 轴正方向，建立采煤机生产过程环境。

### 3. 模型构建

顶底板模型通过单位圆弧来建立，采煤机三维模型包括前后滚筒、摇臂和截齿等部分。在对采煤机割煤工艺进行分析后，按照单位圆弧半径大小建立相应的采煤机滚筒模型。如果采煤机滚筒半径小于单位圆弧半径，那么可以通过单位直线模型来代替单位圆弧模型，如图 6-8 所示。

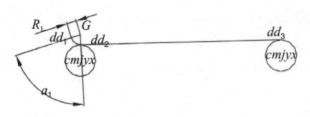

图 6-8　滚筒割煤模型

注：$R_1$ 为第一段单元圆弧半径，$C_1$ 为第一段单位圆弧弧心，cmjyx 为采煤机滚筒圆心，$a_1$ 为第一段单元圆弧弧心角，$dd_1$ 为第一段圆弧的起始点，$dd_2$ 为第一段圆弧的终止点，$dd_3$ 为第 2 段圆弧的终止点。

采煤机滚筒割底煤模型和割顶煤模型类似，也包括上述几个部分，可以将滚筒模型设置在底板模型上。以一刀煤顶底板剖面模型为基础进行采煤机滚筒割煤模型误差分析。在本节的研究模型中，误差来源包括两种，一种是用直线模型代替圆弧模型产生的误差，还有一种是顶底板单位圆弧用单位直线模型进行替代时所产生的误差。

## （三）液压支架生产工艺体系构建

### 1. 液压支架生产工艺数据来源

该生产模型数据来源主要包括液压支架三维模型数据、顶底板模型数据和刮板输送机单元模型数据。

根据液压支架移动原理，按照液压支架生产工艺过程确定液压支架升架和降架为同一模型，具体几何关系如图 6-9 所示。

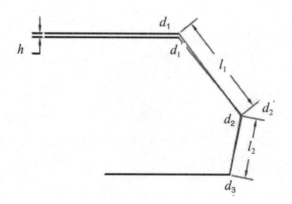

图 6-9　液压支架升降模型

注：h 为支架顶板厚度；$d_1$ 为支架顶板铰接点；$d_1'$ 为降（升）架后支架顶板铰接点；$d_2$ 为采煤机掩护梁铰接点；$d_2'$ 为降（升）架后采煤机掩护梁铰接点；$d_3$ 为后掩护梁与底座铰链点；$l_1$ 为采煤机掩护梁长度；$l_2$ 为后掩护梁长度。

**2.液压支架生产工艺体系模型构建**

液压支架生产主要分为降架、移架、升架和支架微调等。以液压支架生产工艺为基础，通过支架移动原理分析把支架升架和降架构造为同一模型。

采煤机割煤作业开始以后，要做好支护，调整液压支架位置，确保工作面支护有效。

## （四）刮板机生产工艺体系构建

**1.刮板机生产工艺体系构建数据来源**

因为刮板输送机和液压支架互为支点，所以刮板输送机的数据来源包括液压支架推溜数据与自身输送数据两个部分。

**2.刮板机生产工艺体系模型构建**

刮板机液压支架推溜工作主要通过液压支架和刮板输送机共同作业完成，推移步距和采煤机的截深相等。

智能化技术是我国煤炭生产无人化趋势的必然要求。随着煤炭自动化开采水平的不断提升，现阶段对采掘工作面智能化控制系统的性能提出了更高的要求。巷道监控中心引入网络数据传输视频信号，极大地提高了实时监控的效率；而采掘装备自动化水平的全面提升，也提高了采掘效率，降低了人工成本，进一步推动了煤炭开采技术的安全、智能化发展。煤矿推进智能化开采是保证安全生产，降低作业人员劳动轻度，提升煤炭产业工人幸福指数的重大变革和历史性转变，是国家的要求，同时也是企业的需求，更是广大煤炭产业工人的需求，一定要大力推动5G、智能装备和精密监测监控等设施的升级，早日全面实现智能化开采。

# 第七章 基于通信工程技术的煤矿智能化研究

## 第一节 基于 ARM 和无线通信技术的煤矿智能视频监控系统

为保障煤矿生产的安全性和高效性，本节设计了基于 ARM 和无线通信技术的煤矿智能视频监控系统，以 STM32 为核心处理器，OV7670 摄像头模块采集图像信息，ZigBee 模块实现无线传输，实现了实时监控。

煤矿企业建立其内部的视频监控系统，提供井场最直观的图像，可以纠正违章，追溯问题源头，促进生产管理提速提效，最终实现煤矿生产全过程监控。在系统建立中选择分级视频转发联网设计方案，在网络带宽受限的情况下联网设计方案十分实用，可以有效地确保网络稳定性。视频监控系统通过分级管理的方式，实现多监控中心、远程监控等，同时考虑自身的需求，在主井口、变电站、监控室等位置设置不同的监控点，并设置 DVR，确保全天候对生产过程的控制。在系统中配备视频编码器，转换视频图像，以便顺利传输。井场信息化技术快速发展，使得国内外井场视频监控建设已经逐步实现自动化和智能化[1]。

### 一、智能视频监控系统总体结构设计

应用于无线通信技术的智能视频监控系统可以与 ZigBee 无线传感器网络共同工作，完成对井矿的实时监控，图 7-1 为智能视频监控系统总体架构。视频采集设备采集的图像，经微控制器进行图像压缩处理及传输。同时配合 ZigBee 模块完成对实时图像的采集、存储，将报警信息发向用户终端[2]。最后，通过访问视频监控服务器，智能终端实现远程实时监控。

---

① 韩志业，孟繁军. 视频监控系统在煤炭安全生产中的智能化应用 [J]. 数字技术与应用，2018（5）：123-124.

② 颜珂斐，杜娥. 物联网智能家居的远程视频监控系统设计 [J]. 实验技术与管理，2018（3）：151-153.

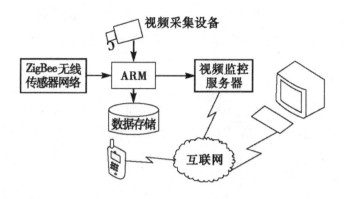

**图 7-1　系统总体结构图**

ZigBee 无线传感器网络包括终端节点、汇聚节点、路由节点三种。通常情况下，终端节点主要负责采集周围环境的环境信息，发起注册请求，经过该区域的数据汇聚节点验证身份后，通过无线网络将信息传送到汇聚节点；汇聚节点主要负责初始化网络节点，接收终端节点的数据和注册请求，并进行安全认证，选择与终端节点和路由节点的通信信道，管理无线传感器网络的通信信道；路由节点主要负责选择最佳的路由转发信息到控制软件中[①]。图 7-2 为 ZigBee 网络节点结构图。

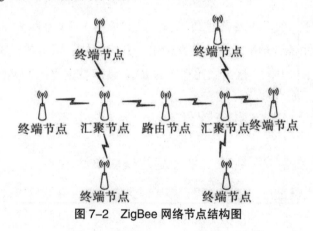

**图 7-2　ZigBee 网络节点结构图**

# 二、智能视频监控系统硬件设计

## （一）系统的主要功能

煤矿智能视频监控系统完成了视频信号的采集、传输、切换、显示以及存储等监控功能。其主要功能包括警戒线入侵和跨越报警、目标出现和离开报警。当有运动目标进入设置的警戒区域时，系统报警，同时系统可以对警戒区中多个需要关注的目标作出报警提示，这种预警形式称作警戒线入侵报警。在视频图像之中设定一条警戒线，系统会在有人或者是物超过了该警戒线时报警提示，这种预警形式称作警戒线跨越报警。当设置的区域内出

---

① 杨惠 . 基于 ZigBee 技术的数据采集系统的设计 [J]. 工业仪表与自动化装置，2018（2）：54-57.

现人或者是其他的运动物体，系统自动报警，这种预警形式称作目标出现报警；反之，当目标离开指定区域的时候系统自动报警，这种预警形式称作目标离开报警 ①。

## （二）系统硬件结构设计

该系统核心部分由 STM32F103RBT6 主芯片组成；OV7670 摄像头控制部分被 STM32 控制启动，负责采集视频图像数据并提供输出数据；无线传感器网络负责转发数据，以保证数据传输的可靠性；系统工作的各种状态由 LED 指示灯显示 ②。系统硬件结构如图 7-3 所示。

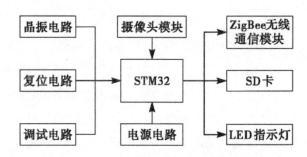

**图 7-3　智能视频监控系统硬件结构图**

图像采集模块是一个 CMOS 图像传感器，具有单片 VGA 摄像头和影像处理器的所有功能，支持 8/10 位图像分辨率，支持整帧输出，支持多种数据格式。OV7670 采集的图像先暂存储在图像缓冲器中，直接由微控制器的 IO 口读取数据存入 SD 卡。

## 三、智能视频监控系统软件平台设计与实现

### （一）智能视频监控系统软件平台功能模块设计

软件平台具有人员定位、视频监控、广播对讲等功能，并且可以进行功能的模块化设计。智能视频监控系统软件平台功能模块如图 7-4 所示。

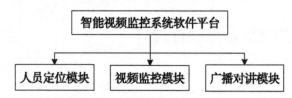

**图 7-4　智能视频监控系统软件平台功能模块**

人员定位模块根据手持终端实时定位煤矿工人的具体位置。有助于正常状态下合理的工作调度；紧急报警状态下人员的疏散；井下被困时具体位置确定。视频监控模块能够及时发现煤矿生产过程中的安全隐患；实时查看煤矿各个区域的视频监控，直观地了解煤矿

---

① 杨惠. 基于 ZigBee 技术的数据采集系统的设计 [J]. 工业仪表与自动化装置，2018（2）：54-57.

② 高穆. 试论煤矿智能视频监控系统关键技术 [J]. 中国新技术新产品，2017（12）：10-11.

生产的现场状况；检查巡检人员工作情况；并可调阅一个月内存储于数据服务器的视频监控录像。广播对讲模块的功能表现为实时广播应急车指示、安全知识，实现广播总站与某一个或几个广播分站进行实时对讲①。

## （二）视频采集端软件设计

本节采用嵌入式软件 KEIL μ Vision5 集成开发环境进行程序开发和调试，C 语言编程，初始化后网络通信模块与路由器进行连网，摄像头采集的视频以 H.264 标准进行压缩并由网络通信模块上传服务器②，其采集流程如图 7-5 所示。

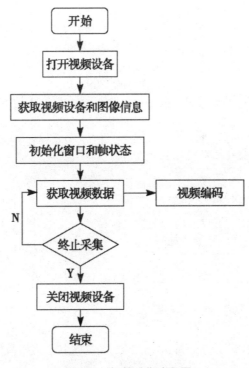

图 7-5　视频采集流程图

## （三）ZigBee 模块程序设计

ZigBee 无线通信模块主要完成 ZigBee 节点的无线通信，其中包括节点的组网以及采集信息在各节点之间的传输③。

在 ZigBee 通信栈协议中，网络拓扑结构有星状网、树状网和网状网。本节采用星形

① 刘学红,李子园,宋铁成.煤矿调度通信和视频监控融合系统的设计与实现[J].无线互联科技,2018（19）：1-3.

② 郭志涛,韩海净,孔江浩,等.基于 Android 移动终端的多功能视频监控系统设计[J].现代电子技术,2018（16）：96-99.

③ 杨建国,蔡立志,郑红.基于 ARM 的嵌入式视频监控系统的设计与实现[J].计算机应用与软件,2018（10）：223-225.

拓扑结构，作为网络枢纽的协调器节点主要负责网络建立和管理以及与终端节点进行数据交互。在考虑整个系统运行情况后，对传输的实时性进行严格要求，将 ZigBee 模块用 IAR 编译器打造成无线串口透传模式，即 ZigBee 模块自动将收到的数据传送给同网络内的其他 ZigBee 模块①。ZigBee 节点软件设计流程如图 7-6 所示。

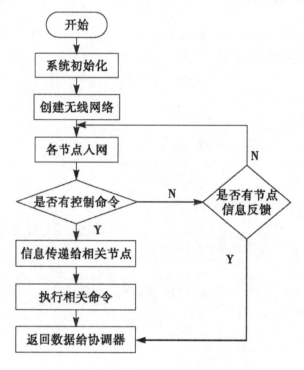

图 7-6  ZigBee 节点的软件设计流程图

## （四）ZigBee 测试平台的搭建

计算机与 ZigBee 协调器之间通过 RS232 串口连接，协调器接收到各个 ZigBee 节点采集到的信息并显示在终端软件上。与协调器连接的 COM1 端口配置如下：无奇偶校验、19200bps、8bit 数据位、1bit 停止位和数据流控制位②。ZigBee 测试平台如图 7-7 所示。

①  邓然,朱勇,詹念,等.基于ZigBee技术的温湿度数据采集系统设计[J].无线电通信技术,2017,43（3）81-84.

②  张健.ZigBee技术在智能交通信号灯控制中的应用研究[J].铜陵学院学报，2014（6）：115-118.

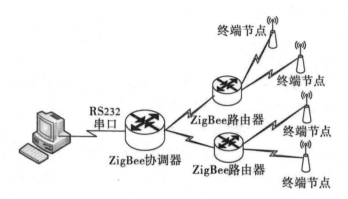

**图 7-7　ZigBee 测试平台**

本节设计了一款基于 ARM 和无线通信技术的智能视频监控系统，同时详细介绍了系统硬件部分和软件设计，完成图像信息的存储，对矿井情况的实时远程监控，提高了煤矿生产的安全可靠性，且该系统具备一定的通用性和可扩展性、低功耗、成本低、运行稳定，对煤矿生产安全的发展具有重要的现实意义。该系统还可以应用于其他的物联网监控系统中，具有广泛的应用前景。

# 第二节　基于 TD-LTE 技术的选煤厂智能化移动管控系统研究与构建

## 一、立题背景

### （一）国内外技术现状

移动数据应用已在发达国家的日常工作中得到普及，普遍应用于移动办公系统、移动税务系统、移动警务系统、移动商务等移动应用信息系统，移动数据终端（MDT）可以随时随地进行业务处理和数据分析。随着 4G 时代的到来，移动应用的带宽、终端、应用有了一个巨大的飞跃，移动网络的宽带化、终端手机智能化、移动应用丰富化是煤炭洗选生产全新的发展方向。

移动与固定应用产业的结合将是煤矿安全生产管理未来的发展趋势，如语音通信、无线调度、视频监控、生产自动控制、生成数据远程采集、移动生产办公等领域。但是上述这些技术由于没有较好的通信承载平台，目前都是分散的，每项应用的开展都是相对独立的，这给系统的建设、维护和运营带来诸多的不便。高带宽、支持语音、数据和图像多媒体业务的第四代移动通信系统（4G），是当前无线移动通信系统应用和发展的主流。如果以 4G 的主流技术 TD-LTE 作为承载平台，将上述离散的技术或应用进行高度集成，形成一个面向智能化矿山安全生产管理的宽带多媒体无线传输系统，则可以预计，必定会给煤矿洗选生产、信息化建设提供有力的支持。

## （二）存在的问题

近年来，我国煤矿洗选行业信息技术应用水平在逐步提高，大中型选煤厂已经开始尝试使用无线通信产品对生产环节进行管理，有的大型选煤厂已经进行尝试并取得了一定的成果，但普遍存在以下问题：一是各系统功能单一、系统之间相互隔离，在生产与安全管理上无法实现效能的最大化，系统之间的协同作用难以发挥，与企业实际的生产与安全管理的融合度差；二是系统还不够完善或存在空白；三是目前这些系统还不具备应急通信功能等。

## （三）项目意义

### 1. 将 TD-LTE 无线通信技术引入煤矿洗选行业

项目将 TD-LTE 无线通信技术引入煤矿行业，结合当前煤炭洗选对于宽带无线和移动通信的迫切需求，建设基于 TD-LTE 技术的选煤厂智能通信平台，并以此为基础建设相关的生产、监测和管理应用示范系统。

### 2. 安全管理实现新突破，效率效能显著提升

安全管理实现新突破、劳动强度大幅降低，保障员工身心健康的前提下，实现无人值守区域的建立、品质管控从生产到装车外运环节得到了质的提升、节能环保与企业发展"齐步走"，为企业可持续发展奠定坚实基础。

### 3. 探索可复制可推广经验，推动煤炭洗选行业发展

项目研究提炼煤炭洗选行业无线通信系统及移动互联应用中可复制、可推广经验，避免各企业在类似领域的分散重复研究，有利于其他单位在此基础上进一步深化和本地化，整体降低煤矿企业信息化建设成本。

## 二、总体方案设计

基于 TD-LTE 技术研发相应的软、硬件系统，旨在解决移动设备高带宽数据采集通信难题，实现操作人员、维护人员、管理人员与选煤厂信息化和自动化系统的统一，让经营决策者能够随时随地、实时有效地掌握企业相关信息，为企业发展创造有利条件，提高安全生产能力，最终实现企业安全、高产、高效的生产目标。

项目总体架构图如图 7-8 所示：

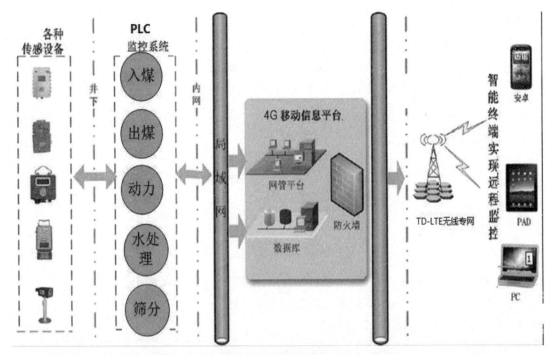

图 7-8 总体架构图

主要研究内容包括:

1.TD-LTE 无线专网的建设

通过无线专网的建设语音、视频通话、数据传输等业务,并为洗煤厂智能安全生产移动管控平台提供无线传输通道。

2. 洗煤厂智能安全生产移动管控平台的研究

通过对吕家坨洗煤厂 PLC、环境监控等数据的采集、整合,发布到移动智能终端上,实现生产环节无线调度管理、生产系统集中视频监控、主要生产过程自动化远程集中监视、主要生产岗位无人值守,有效地提高选煤厂本质安全智能化管理水平,最终达到洗煤厂自动化、智能化的生产。

## 三、技术方案

基于 TD-LTE 项目前期在唐山矿、范各庄矿以及中润煤化工公司进行了工业现场实践,取得较好效果,本次将在吕家坨矿选煤厂建设基于 1.8G 的 TD-LTE 无线专网,实现无线语音、无线视频、数据的传输等功能。

在选煤厂的调度中心利用信控中心的综合业务交换调度机及配套产品,实现 4G 核心网功能。利用原中润化工厂的一套 BBU,三套拉远型 RRU 基站对洗煤厂实现 4G 覆盖。地面基站 BBU 安装在调度中心。三套拉远型 RRU 基站对厂区形成覆盖,在吕家坨选煤厂厂房安装拉远型基站射频单元，同时配置三套专网拉远型定向智能天线，实现厂区4G信号覆盖。

六台防爆型CPE布设于厂区内部的集控中心等安全生产重点区域及办公区域，进行数据接入。配置八台防爆手机终端进行语音、视频通话等功能示范应用。

利用综合业务交换调度机通过E1（PRA或者SS7）或者SIP接口实现4G无线网络与现有行政通信网络无缝对接，实现与集团总部进行通信，组成吕家坨洗煤厂基于4G有线、无线一体化调度通信系统。

## （一）传输层网络架构

将整体业务分为不同的层面进行各层设备及组网方式，整体业务可分为终端层、接入层、交换层、业务层。

终端层分为两类，一是用作通信的终端，包括CPE；另外一种是业务终端，包括摄像机。

（1）接入层主要是LTE基站，包含BBU、RRU、天线等设备。

（2）交换层包含MME、SGW、PGW、HSS等网元。

（3）业务层包含SCADA服务器。

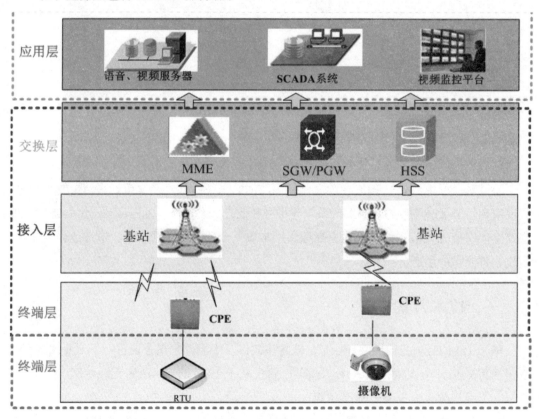

**图7-9 传输层网络架构**

总体的设备组网及拓扑连接如下图所示，主要包括基站，EPC，CPE，摄像头等设备，通过SGi接口与视频监控大屏等系统互联。

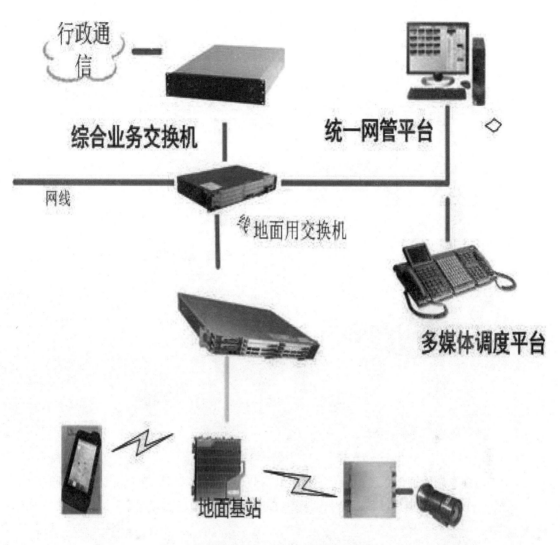

**图 7-10 4G 无线专网组网图**

TD-LTE 无线专网建成后，可以对洗煤厂一些难于实现有线连接区或，采用无线远程回传，实现工厂生产状况的全方位监测。

TD-LTE 提供无线视频监控用于不方便安装有线视频监控的区域。CPE 支持 WiFi 和 Ethernet 两种接口，有些被遮挡区域采用 WiFi 摄像机，可通过 CPE 接入 TD-LTE 网络。

1. 搭建无线语音、视频调度平台

本项目选择在吕家坨矿业分公司选煤厂厂房顶安装拉远型基站射频单元，配置三条专网拉远型定向智能天线，实现厂区 4G 信号覆盖。

为了确保安全生产重点区域及办公区域 4G 信号的安全性、稳定性，设计在厂区增设防爆型 CPE，同时配置地面防爆手机进行示范应用，组成选煤厂基于 4G 有线、无线一体化调度通信系统。厂区专网可通过网关设备与生产调度 PSTN 或 PLMN 互联互通，如图所示，并显示与现有系统的融合，主要包括以下几个方面：

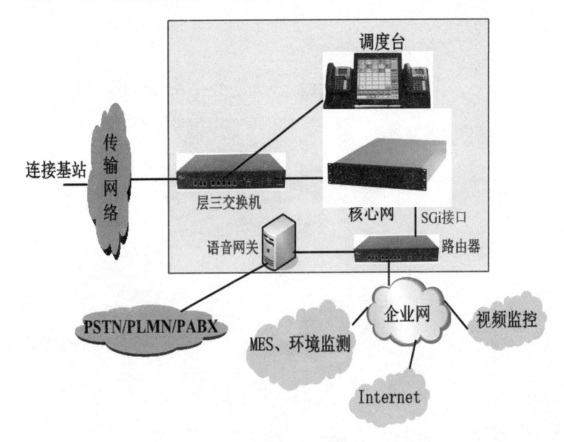

**图 7-11 互联互通组网图**

（1）与现有调度通信系统的通信：提供 E1SS7 或 PRA 与现有有线调度系统互联互通。

（2）与现有行政通信系统的通信：提供 E1SS7 或 PRA 与现有开滦集团的行政通信互联互通。

（3）与集团 IP 架构融合通信系统：提供 SIP 接口接入新建的 IP 架构融合通信系统，实现与融合通信系统互联互通。

（4）与企业网：通过以太网 IP 连接；

（5）与新建的智能安全生产移动管控平台：通过 IP 连接。

无线通信系统逻辑接口见图 7-12：

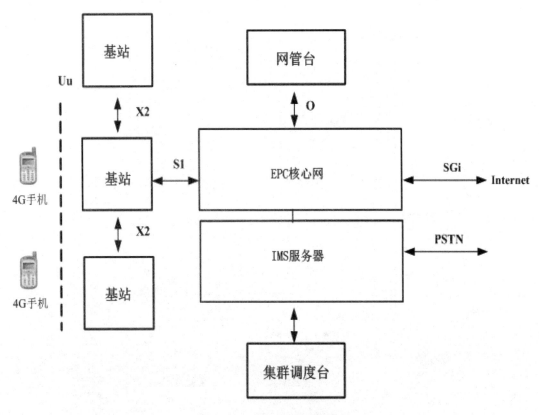

图 7-12 无线通信系统逻辑接口

2. 无线通信系统主要接口说明如下

（1）S1 接口：基站和核心网之间的接口，主要完成基站和核心网之间信令面和业务面的数据交互功能；

（2）X2 接口：基站和基站之间的接口，主要完成移动性管理、负荷管理、错误指示、接口复位、接口建立、基站配置更改、切换等过程；

（3）Uu 接口：基站和手机之间的接口，是一个无线接口，在该接口实现终端与 LTE 网络的通信；

（4）O 接口：核心网与网管之间的接口，网管通过该接口对网元设备进行管理维护；

（5）SGI 接口：核心网与 internet 之间的接口，通过该接口，手机可以访问 Internet 网络；

（6）PSTN 接口：核心网与 PSTN 固话接口，通过该接口可以实现手机与固话的互联互通。

3. 核心网功能设计

核心网方案包括 EPC 和 IMS 两大部分，其中 EPC 部分主要包括 MME、SGW、PGW、PCRF；IMS 部分主要包括 P-CSCF、S-CSCF、HSS、MGCF、MRFP，还有融合

HSS 为 EPC 和 IMS 的网元提供纯专网内用户的鉴权及签约数据。同时，核心网对外提供标准接口，用于和运营商核心网进行对接，见图 7-13 所示：

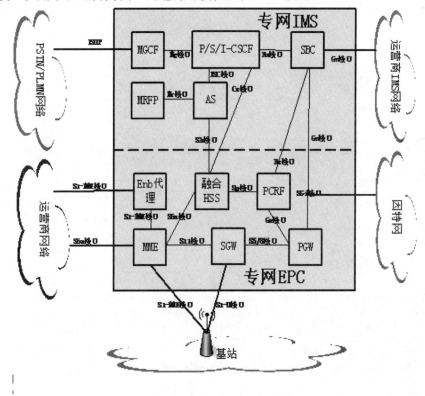

图 7-13　核心网方案

核心网各功能模块说明如下：

（1）MME 的功能

①接入控制：支持接入安全及签约数据的检查；

②移动性管理：附着 / 去附着、E-UTRAN 系统内 TAU、TAList 管理、基于 X2/S1 接口的切换、支持 Purge 及服务请求、UE 可达性过程；

③会话管理：EPC 承载建立、修改、删除；

④网元选择：支持 P-GW 及 S-GW 的节点选择；

⑤支持基于 SGs 接口的短信业务；

⑥设备安全：支持网络不同安全域隔离功能、网元接入控制；

⑦支持设备传输接口上 IPQoS 要求；

⑧支持网络时间同步；

⑨操作维护特性：支持通过本地操作维护终端或 OMC 进行 MME 设备的基本维护。

（2）S-GW 的功能

①支持 EPC 会话管理：承载建立 / 修改 / 删除；

②分组路由与转发：为处于 ECM-IDLE 状态的 UE 缓存下行分组，并发起服务请求过

程；支持 eNodeB 间路径切换后，给源 eNodeB 发送一个或多个"endmarker"；

③ QoS 控制：支持 EPC 承载的主要 QoS 参数，支持对 GBR 承载实现承载级的 GBR、MBR 带宽管理功能，支持基于承载级的上下行数据 DSCP 标记功能，支持配置 QCI 与 QOS 参数的映射关系；

④计费功能：收集基于用户的计费信息，按照每 UE 的每 PDN 的每 QCI 和 ARP 对，来收集所有上行和下行数据包数量，用于运营商间的计费；

⑤支持 802.3ah 链路故障检测功能；

⑥支持网络时间同步；

⑦操作维护特性：支持通过本地操作维护终端或 OMC 进行 S-GW 设备的基本维护。

（3）P-GW 的功能

①支持 EPC 会话管理：承载建立 / 修改 / 删除；

②支持通过本地或外部 PDN 为 UE 分配 IPv4 地址；

③支持对来自或去往外部 PDN 网络的数据进行路由选择及数据转发；

④计费功能：收集基于承载的计费信息，产生 PGW-CDR 话单，支持离线计费；

⑤ QoS 控制：支持 EPC 承载主要的 QoS 参数；支持本地配置 PCC 规则；支持 UE 和网络侧发起的创建或者修改专有承载，决定是否建立或修改，并为承载分配 QoS 参数值；支持发起基于 QoS 更新的承载修改流程；在承载建立 / 修改过程的接入控制中支持在资源不足时，允许 ARP 高的接入，拒绝 ARP 低的接入；支持对 GBR 承载实现承载级的 GBR、MBR 带宽管理功能；

⑥支持静态方式选择 PCRF；

支持 PCEF 的如下功能：PCC 规则承载绑定功能、事件报告功能、基于流量 / 时间 / 流量和时间 / 事件的测量功能、处理 PCRF 下发的事件触发条件功能、门控功能、Gx 会话功能。

⑦设备安全：支持不同网络安全域的隔离功能；支持基于用户及设备的黑名单功能；支持防 QoS、移动终端地址检测、终端互访及恶意用户追查等；

⑧支持 802.3ah 链路故障检测功能；

⑨支持网络时间同步；

⑩操作维护特性：支持通过本地操作维护终端或 OMC 进行 P-GW 设备的基本维护。

（4）融合 HSS 的功能

①EPS 数据管理功能：用户信息，EPSAPN 签约信息，鉴权参数的管理、开户、销户、HSS 和 MME 数据一致性管理等；

②用户鉴权功能：鉴权参数的生成，鉴权流程等；

③移动性管理：MME 地址的存储，用户附着 / 去附着，位置更新，Purge 等管理；

④ SPR 功能：根据 PCRF 发来的 IMSI，向 PCRF 反馈 UE 支持的 ServiceID 和签约的 Qos 信息，PCRF 通过 NOR 消息上报用户累计使用量和累计时间信息；

⑤IMS 用户数据管理功能：实现专网用户的业务及信息管理功能。主要完成用户数据的存储及管理，主要包括用户身份标识、用户注册信息、业务信息、鉴权相关信息等。

（5）CSCF 的功能

CSCF 网元，实现 P-CSCF、S-CSCF、I-CSCF 三网元合一功能。主要完成用户的注册、注销、鉴权、呼叫控制、订阅通知、即时消息等基本功能的控制，以及业务触发、路由控制等功能。

（6）MRFP 的功能

MRFP 网元实现媒体资源处理功能，主要提供媒体资源的管理、音视频格式的转换、混音混频、音视频录放等媒体处理相关功能，其中音频编码支持 PCMA、PCMU、G.723、G.729、AMR 等多种编解码格式，视频编解码支持 H.263、H.264 等多种编解码格式。

（7）MGCF 的功能

MGCF 网元实现媒体网关控制功能。主要完成与 PSTN/PLMN 网络互通时，SIP 协议与 ISUP 协议之间的转换功能，以及媒体流 RTP 与 TDM 流之间的转换功能。

（8）AS 的功能

AS 网元实现应用业务处理功能。提供基本的多媒体电话业务及补充业务，主要包括基本音视频通话、多媒体调度、即时消息、群组、用户状态呈现等业务。

（9）SBC 的功能

SBC 网元实现 IMS 子系统边界控制功能。主要完成企业网用户的接入，通过地址转换实现内外网 IP 地址的隔离、提供部分媒体资源管理功能以及安全功能。

（10）无线通信系统支持业务功能：

①语音业务

无线通信系统采取基于 IP 的语音传输方案，采用 G.711 语音编码格式，支持 H.323、SIP 协议保障语音质量。后续随着 VoLTE 技术的成熟，系统能够提供优于传统 CS 语音的通信质量，并且呼叫时长可以大幅缩短。

②视频电话

4G 无线通信系统支持网系统内用户的视频通话业务，通过视频电话可以双向实时传输通话双方的图像和语音信息，能达到面对面交流的效果，实现人们通话时既闻其声、又见其人。

③多媒体消息

4G 无线通信系统支持系统内多媒体消息交互，多媒体消息可包括文本、图像、音频、视频等格式，同时还可以支持携带附件的消息传送。系统不但可以支持系统内用户点对点的多媒体消息交互，还可以支持通过调度台进行多媒体消息群发功能，可通过该功能进行会议通知、公告订阅、节日问候、监控信息通知等。

④高速上网

4G 无线通信系统基于 LTE 技术，能够提供上行峰值 50M、下行峰值 100M 的上网速率，大大提高了无线空口数据接入速率，可以满足实时高清视频点播的带宽要求。

⑤调度业务

调度系统是企业生产的主要通信手段。通过调度系统，生产调度指挥员可以统筹企业的所有资源，并及时地处理在生产中出现的各种情况，主要包括生产进程的管理，生产资源的再分配，生产流程的调整等。调度业务紧紧围绕生产，根据业务使用情况，主要包括：组呼/群呼、强插、强拆、监听、录音、代答、呼叫转接、呼叫保持、夜服、多级调度、会议、调度员的分级管理等功能。

⑥与 PSTN 系统互通功能

无线通信系统的 IMS 服务器具备语音网关接口，可通过 E1 接口与 PSTN 网络进行 SS7、PRA 对接，能够将非系统内部的人员快速接入系统中，实现融合通信要求，以满足多部门协同工作的需要。

⑦有线无线一体化调度功能

4G 无线通信系统本身具备基于 IP 的调度功能，如果要进行无线通信系统和有线固话系统的一体化调度，只需将固话系统以 IP 形式进入调度系统即可。针对固话系统目前存在两种方式，一种是基于模拟的程控固话系统，另一种是基于数字的 IP 固话系统。基于模拟的程控固话系统需要通过 IPPBX 将模拟线路转换成 IP 线路，而基于数字的 IP 固话则可以通过 IPPBX 或 IP 交换机接入调度系统，这样就能够在统一调度台上进行有线无线的一体化调度业务。

⑧移动智能安全生产管理业务

无线通信系统提供开放的接口，不但能够支持与矿山综合自动化系统互通，而且还能够扩展定制与企业安全生产相关的移动互联网业务，包括但不限于以下业务：安全隐患业务、人员定位业务、安全监测业务、生产监控业务、排水监测业务、主运监测业务、通风监测业务、实时监控业务、矿信服务业务、设备巡检业务、报表发送业务、数据超限报警业务、企业通信录业务、六大系统接入业务、信息发布业务、生产管理业务、销售管理业务、代办事宜业务等。

## （二）设备在线监控系统

提供通信末端的低功耗传感器数据传输通道，通过传感网络中的数据多跳自组网络及时发送给上位机，实现传感数据的统一管控。主要实现设备温度、振动等相关数据的采集，通过自组传感网络和 4G 网关上传给服务器和手机等终端，实现传感数据的实时监测监控。

项目采用的传感网络技术是一种近距离、低复杂度、低功耗、低速率、低成本的自组网双向无线通信技术，主要用于距离短、功耗低且传输速率不高的各种电子设备之间进行数据传输以及典型的有周期性数据、间歇性数据和低反应时间数据传输的应用。作为一种无线组网通信技术，ZigBee 具有如下特点：

（1）低功耗：由于 ZigBee 的传输速率低，发射功率仅为 1mW，而且采用了休眠模式，功耗低，因此，ZigBee 设备非常省电。据估算，ZigBee 设备仅靠两节 5 号电池就可以维持长达六个月到两年左右的使用时间，这是其他无线设备望尘莫及的。

（2）成本低：ZigBee 模块的初始成本在六美元左右，估计很快就能降到 1.5~2.5 美元，并且 ZigBee 协议是免专利费的。低成本对于 ZigBee 也是一个关键的因素。

（3）时延短：通信时延和从休眠状态激活的时延都非常短，典型的搜索设备时延 30ms，休眠激活的时延是 15ms，活动设备信道接入的时延为 15ms。因此，Zigbee 传感网络技术适用于对时延要求苛刻的无线控制（如工业控制场合等）应用。

（4）网络容量大：一个星型结构的 Zigbee 网络最多可以容纳 254 个从设备和一个主设备，一个区域内可以同时存在最多 100 个 ZigBee 网络，而且网络组成灵活。

（5）可靠：采取了碰撞避免策略，同时为需要固定带宽的通信业务预留了专用时隙，避开了发送数据的竞争和冲突。MAC 层采用了完全确认的数据传输模式，每个发送的数据包都必须等待接收方的确认信息。如果传输过程中出现问题可以进行重发。

（6）安全：ZigBee 提供了基于循环冗余校验（CRC）的数据包完整性检查功能，支持鉴权和认证，采用了 AES-128 的加密算法，各个应用可以灵活地确定其安全属性。

## （三）矿井安全生产管理信息平台可融合集成该平台

在洗煤厂控制系统中，目前大部分生产工艺过程未纳入生产自动化系统，未实现集控，且生产系统信息化建设不完善，使得管理者、技术人员、调度人员不能实时监控到洗煤厂重要的生产指标和参数，也不能随时对生产过程的数据进行查询，使得不能方便的指挥生产，追随历史生产过程，甚至无从判断操作员在生产过程中的操作的工艺参数。现有的集控系统控制核心采用 GE 生产的 GE90-30 系列 PLC。集控平台采用 GEProficyiFIX。通过矿井安全生产（手机 APP）管理信息平台可融合集成该平台，并进行数据的挖掘和发布。

采用新一代基于 Web 的生产数据可视化分析工具，可通过 Internet/Intranet、手机 APP 发布采集的生产过程数据。可有效地显示关键绩效指标，以及生产过程中的其他计量指标，提高企业持续不断地改善产品性能的能力。不但可以与企业级实时历史数据平台无缝集成。还可以与其他产品无缝集成，包括主流厂商 SCADA 平台 HMI/SCADA 软件。系统架构如图 7-14。

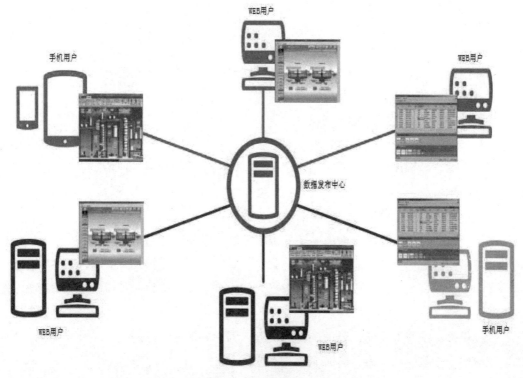

**图7-14 信息平台架构图**

（3）通过该平台能将生产过程和控制功能扩展到网络浏览器和手机应用之中。使得办公信息网的用户在授权的情况下能够使用浏览器和手机 APP 提取和分析生产系统的动态数据。高度集成整个系统采用框架体系和通信中继平台，各个模块采用统一的接口标准，各个子系统可以动态加载到整个集成平台，各个系统间通过通信中继平台交换信息，以实现系统联动和信息的共享。主要完成以下几个系统的集成：

①生产状态实时画面：关键设备、关键状态、关键参数、产品型号、批次、加工历史信息；

②过程控制操作：通过系统接口完成加工参数设定、参数下传、指令执行；

③报警显示；

④生产计算：产品累计、合格率统计、消耗统计；

⑤趋势分析：时间趋势、事件趋势、参数趋势查询；

（2）通过定制安装在用户移动终端的 APP 应用程序上，用户基于 4G 无线专网网络/公网即可查看相关信息，并对洗煤厂设备进行控制。使用智能终端与煤炭企业互联网发布的服务端的 Web 服务进行数据交互和业务办理。通过直观、易操作的界面，实现生产过程监控、业务信息查询（生产量、销量、仓位等），提高企业信息利用率和响应速度，为企业领导及相关业务人员提供快速可靠的信息依据，丰富企业信息化手段。主要功能包括：

①实时数据更新：直接从 SCADA 更改更新客户端，因此用户能实时做出反应。

②多会话：支持多选项卡浏览器、安卓系统手机、IOS 系统手机。

③安全容器：控制与 SCADA 平台一样简单方便。

④电子签名：电子签名增强安全性，并通过网络进行审核跟踪。

⑤动画：支持动画功能。

⑥控制元件：所有控制元件都可在发布元件中操作，并可配置应用程序的操作权限。

⑦报警和警告：查看、静音等功能与胖客户端一致。

⑧软件发布的形式为：WEB 浏览器发布、移动手机发布。

（3）系统提供一个采集服务器运行在服务端，采集服务接收来自生产过程的数据信息并将其存储到数据库中；系统存储采用关系型数据库，根据用户现场需求使用数据库，达到以下应用：

①实现数据共享，保证数据的准确性和一致性。

②生产单位每天上报的数据都要经过调度审核，保证数据真实、可靠。

③根据原始数据自动生成统计报表，避免手工统计中出现的人为错误，减少工作量。

④生产数据进入系统后，能随时查询当天的生产情况。优化业务流程，大大缩短数据上报时间。

⑤提供强大的查询功能，辅助矿领导决策，为领导提供详尽的生产、安全数据，及时采取相应的安全、生产措施，确保生产正常进行。

⑥记录影响生产的所有详细情况，可以随时了解影响生产的原因、时间、地点以及生产恢复时间，也可以了解到影响生产的具体数据。

⑦为确保数据的安全性，采用分级、分权限维护。

## 四、实施效果

### （一）提高煤矿安全生产效率

通过采用先进的 4G 无线通信技术与选煤厂生产相结合，实现语音、视频、数据传输以及管控平台的综合应用，对监控、指导选煤作业与安全生产、在线检测与远程控制管理具有重要作用，在节省大量人力的同时，提升选煤厂现场安全生产作业水平，从而提高煤矿的安全生产效率。

### （二）为安全生产奠定基础

以 4G 技术为基础，煤炭信息化物联网的系统架构为模型，可以获取选煤生产状况的各种指标状态以及特征数据，实时监测生产状态，形成矿井生产状态的各种数据曲线；实时监测地面生产流程和设备状态。系统的融合必然会带来生产和管理模式上的创新和改变，其接受程度和带来的效果都需要在实践中检验。

## （三）提高综合管理水平，为节能减排做贡献

无论是进行虚拟作业还是进行远程指导，都提高了生产水平与能力，在节省资金的同时，也减少了因相关操作所带来的能耗。充分地应用现代科技所带来的方便，实现选煤生产的集约化经营，生产决策更为科学化、合理化，项目方案更具有可行性、科学性。

## （四）提高生产能力，提升经营管理水平

用4G移动通信技术、物联网技术、移动互联网技术等当前业界主流的新技术，以"迅速、准确、可靠、方便"为目标，实现管理人员随时随地、实时有效地掌握选煤生产的各种信息，将煤矿的安全生产提升到一个新的高度，为煤矿的发展创造有利条件，提高安全生产能力，提升煤矿经营管理水平。最终实现煤矿"安全、高效、数字化"的智能化矿井建设目标。

# 五、主要技术创新点

（1）构建选煤厂无线通信系统，应用异构网络通信协议转换、地址编码、按需距离矢量路由和树型网络结构算法，提供无线高速通路；

（2）建立移动信息管理平台，实现各业务平台整合的LTE无线通信网络；

（3）建立洗煤厂生产过程的大数据基础，通过数据挖掘、融合、分析，为生产管理和能耗管理提供辅助决策。

# 六、经济效益和社会效益

## （一）经济效益

（1）通过项目建设，实现调度室及现场的少人值守，实现减岗增效。

（2）由于实现优化调度、集中控制，减少了设备空运时间，提高了运行效率，降低电耗，每年可节省大量电力消耗。

（3）"采、运、洗、充"一体化协同系统的使用可提高综合生产效率，预计年可创效200万元以上。

## （二）社会效益

（1）项目的建设将大幅度地提升选煤厂的安全水平，达到实时监测、实时预警、快速反应等目标，使煤矿安全程度跃上了一个新的台阶。

（2）通过故障诊断和程序控制，科学调度，减少了设备故障率和空运转时间，提高了设备的运行效率，进而带动了矿井产量的提高。

（3）实现了管理的全面信息化，依托信息化，形成了的高效管理局面，带来了管理机构和管理流程的进一步优化。

## 七、存在问题和改进意见

进一步的工作可以从以下几个方面开展：

（1）根据通信技术演进，针对"5G"技术与数字化矿山业务的结合进行深入研究；

（2）深入发掘矿山信息化业务需求，开发各类创新应用，推动数字化矿山建设。

# 第三节　基于 5G 技术的煤矿井下智能传输平台研究与规划

## 一、立题背景

### （一）国内外技术现状

井工矿由于深入地下，高效的通信一直是重点问题。20 世纪 80 年代开始，1G 通信技术已经应用于煤矿安全管理。从"大哥大"、BB 机到移动电话，从单纯语音通信到万物互联、海量多元数据传输与控制，移动通信技术伴随我国煤矿生产已有 40 多年的历史，经历了炮采、普采、综采和智能化开采等各个阶段，生产方式也由人工向机械化、自动化和智能化不断推进。5G 技术的到来，为深度融合云计算、大数据和人工智能等科学技术提供了契机和基础，使逐渐聚合形成一个完备的 5G 技术生态成为可能，为煤炭行业的升级改造和智能化发展提供了关键的基础设施。

这些改变将促进煤矿井下通信技术革新、信息化改造和装备自动化升级，涉及的一系列基础支撑技术也随之提升，生产、管理的顶层设计需要重构，因此，探讨融合 5G 技术生态的智能煤矿建设具有重要的现实意义和理论意义。

西方发达国家从 20 世纪 90 年代就开始研究智能开采技术，力拓、英美资源等国际大型矿山已经启动智慧矿山项目。我国煤矿生产经历机械化—自动化—智能化的过程，2018年，全国采煤机械化程度达到 78.5%，相比 1978 年的 32.3% 显著提升。随着电气自动化技术的不断更新，电液控制技术不断发展。煤矿智能化是循序渐进的过程，逐步由单个系统智能化向多系统智慧化方向发展。

西方发达国家从 20 世纪 90 年代就开始研究智能开采技术，尤其是加拿大、美国等国家，为取得在采矿工业中的竞争优势，曾先后制定了"智能化矿山""无人化矿山"的发展规划。

加拿大国际镍公司从 20 世纪 90 年代初开始研究自动采矿技术，拟于 2050 年在某矿山实现无人采矿，通过卫星操纵矿山的所有设备，实现机械自动采矿；美国 1999 年对地下煤矿的自动定位与导航技术进行研究，获得了商业化的研究成果；2008 年，力拓集团就启动了"未来矿山"计划，部署了围绕计算机控制中心展开的无人驾驶卡车、无人驾驶火车、自动钻机、自动挖掘机和推土机，2018 年底，力拓批准投资 26 亿美元，在西澳洲打造首个纯"智能矿山"项目；2018 年，英美资源集团启动"未来智能矿山"计划。

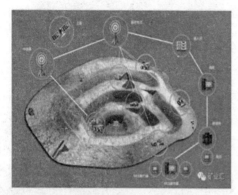

力拓集团于2018年底决定投资26亿美元将Koodaideri铁矿项目打造成全球首个纯智能矿山。

2018年英美启动"未来智能矿山"计划，部分矿山运用机器人、虚拟模型、智能传感等技术，完全取代人工。

图 7-15　智能化矿山发展状况

## （二）存在的问题

我国煤矿开采绝大多数是地下开采，属于典型的深部空间作业，其作业环境恶劣，地质条件和开采条件复杂，因此对机械自动化、智能化开采等有着天然的需求。近年来，随着移动技术的不断发展，我国煤矿的智能化建设也在不断加快，采掘运等煤炭生产各主要环节已实现了高度机械化以至自动化，采煤工作面机器人、钻锚机器人、巡检机器人等都已在煤矿井下得到应用，具体关系如图 7-16 所示。2019 年底，我国煤矿采煤机械化程度已经达到 78.5%，已建成 200 多个智能化采煤工作面，为煤矿智能化建设奠定了基础。

当前，制约煤矿智能化建设的问题集中在井下高效通信、装备智能化、决策智能化等一系列技术方面，主要表现在四个方面：

（1）数据汇聚不足，存在信息孤岛问题。

（2）数据传输能力不足。

（3）应急响应被动滞后。

（4）设备可靠性和传感精度差。

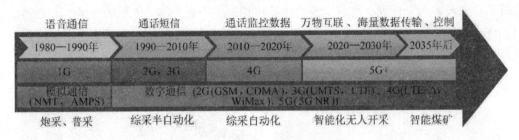

图7-16 无线通信系统发展

无线数据方面应用较少，主要包括无线传感器等短距离无线传输网络、以及部分场景下的无线摄像机等应用。采用的技术主要包括 WiFi 技术、4GLTE 技术，以及 ZigBee、LoRa 等近距离无线传输技术。特别是综采、综掘、洗选等主要生产设备的数据传输由于其对时延的极高要求，主要还是依靠电缆或光缆等有线连接。但有线传输的局限性和无线传输技术发展，无线传输取代有线传输的趋势日渐明显。随着 5G 技术生态圈逐渐成熟，将能有效地解决数据传输能力不足等问题，增强数据汇聚和融合，有力避免信息孤岛问题。为大数据分析、人工智能应用提供基础，实现大数据的深度学习和智能分析，进一步为煤矿生产提供辅助决策。

## （三）项目意义

（1）5G 技术将是智能煤矿革新建设的重要推动力。其 eMBB，uRLLC 和 mMTC 三大特性为物联网、人工智能、大数据、智能装备深度融合应用提供了保障，可以促进煤矿井下通信技术革新、信息化改造和装备自动化升级，并带动一系列相关基础支撑技术得到提升，进而为煤炭行业升级改造和智能化发展奠定坚实基础。

（2）5G 技术、混合云和 GIM 技术将是智能煤矿基础搭建的三要素，云边端一体化管控模式、微服务系统设计架构和一张图综合态势分析将是智能煤矿三个重要的设计理念，从而可以形成智能开采、智能掘进及智能通风等核心应用场景，其中自主感知、自主分析和智能辅助决策与执行能力应该是各个重点场景应用系统将来的研究重点和发展方向。

（3）5G 在设计之初就确定了三大应用场景，即增强型移动宽带、超可靠低时延和海量机器通信。其对 eMBB 场景的技术支撑能力，能够有效地适应煤矿中的超高清视频传输等大带宽的业务需求；对 urLLC 场景的技术支撑能力，能够有效地满足无人采矿车、无人挖掘机等无人矿山智能设备间通信需求；对 mMTC 场景的技术支撑能力，能够更好地支持多种煤矿安全监测等传感数据采集需求。因此，将 5G 通信技术应用于煤矿智能化开采中是未来煤矿开采的必由之路，也将有效推进煤矿智能化的进程，为全面开启煤矿智能化开采铺平"网络通信"之路。

## 二、总体方案设计

### （一）规划依据

5G 一张网络满足多样化业务需求：基于 NFV/SDN 技术，采用通用硬件，实现网络功能软件化和基于差异化业务的资源编排。

业务及网络平台运营：通过数字化平台实现网络能力和业务需求的对接，开放网络能力。

按需用户面部署，减小业务时延，降低传输网压力：打破传统数据仅能从省级出口的路径，用户及业务数据下沉到本地。

高频和低频混合组网，天线有源化；低频仍将沿用现有宏站资源，高频主要集中在热点地区，多采用微站部署靠近用户，大规模天线成为提升网络容量的主要技术手段。

国家煤炭行业标准《安全高效现代化矿井技术规范》（MT/T1167-2019）要求"应建设有线通信系统、无线通信系统、广播通信系统等，并实现矿井通信、调度、信息管理、安全保障、应急避险等功能的集中统一调度"。

根据国家政策的要求、吕家坨煤矿建设智能化矿井的需要、移动通信技术的发展等，本方案主要进行吕家坨煤矿井下 5G 通信系统的规划设计。

### （二）设计原则

#### 1. 先进性

采用先进、成熟的、地面运营商广泛使用的 5G 移动通信技术，以满足吕家坨煤矿智能化矿井建设的需要，确保系统的先进性及生命力。

#### 2. 经济性

根据吕家坨煤矿的井下移动通信应用的需要，采用多模基站：在需要应用 5G 低时延、大带宽的性能进行自动化、智能化控制的区域开通 5G 网络；在其他区域开通 4G 网络。未来根据矿井的需要，可在不更换硬件设备、只购买 5G 软件及授权的情况下，低成本地将 4G 网络升级为 5G 网络。

#### 3. 合规性

本方案选用的产品已经通过了防爆认证，符合《煤矿安全规程》的规定。

#### 4. 统一性

统一规划全矿井的移动通信环网和井下的工业环网，以避免重复投资、重复建设。

项目总体架构图 7-17 所示：

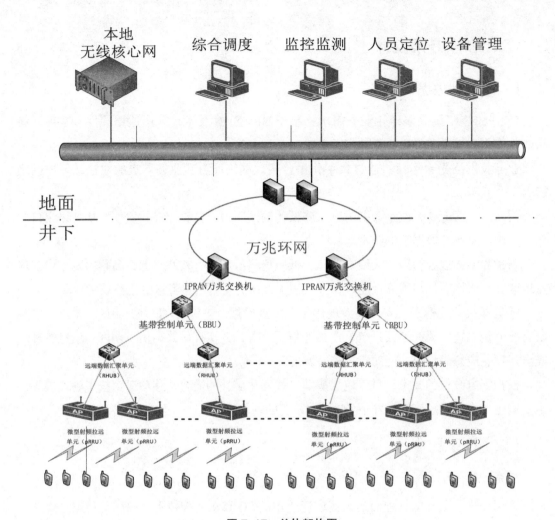

图 7-17　总体架构图

（1）建设具备抗灾害能力的工业 IPRAN 通信主干网络。

为了提升 4/5G 网络兼容性，和网络稳定性，对新建的环网，建议建设 IPRAN 工业环网，对已有的工业环网建议替换 IPRAN 交换机。

（2）实现移动作业区无线综合接入

4G 承载业务：移动语音业务；融合调度业务；"采、掘、运、提、排、通"等各种生产自动化系统的监测数据传输业务；采掘面无线视频监控数据接入业务；自动巡检系统等其他业务系统传输。

5G 承载业务：整个矿山的增强移动宽带类（高清工业视频监控及智能识别、VR/AR 等）、高可靠低时延类（煤矿各类工业智能控制、采煤机器人、无人驾驶等）、万物智能互联类（矿山各类感知终端智能互联及其智能联动）。

矿用 4G+5G 设备，实现了井下区域的 5G 无线信号的覆盖以及无线终端的接入等功能。井下设备主要实现终端层应用，实现了井下区域的 5G 无线信号的覆盖，以及无线终端的接入等功能，主要为矿用隔爆兼本安基站设备（拉远射频模块 RHUB/bridge 及 RRU）、防爆电源、配套天线、CPE 和矿用手机终端。井下设备需安标认证。

井下通信设备需采用隔爆兼本质安全型（Exdibl）认证方式，符合瓦斯、煤尘的防爆要求。

矿用 4G+5G 系统采用分布式基站设计，在地面部署基带控制单元 BBU，通过光纤与井下 RHub 设备（也可部署井上）及基站 RRU 相连。基带控制单元 BBU 与核心网设备通过交换机相连实现井下 4G+5G 系统的控制。

## 三、5G 技术方案

### （一）技术特点

随着互联网时代的用户越来越习惯随处享用宽带接入服务，移动宽带已经成为现实。到 2012 年，全球宽带用户总数预计将达到 18 亿，其中的约三分之二将是移动宽带用户，与此同时，用户对体验及资费也提出了越来越高的要求：

更高的峰值速率，更低的时延，从而改善用户使用体验；更高的频谱利用率和灵活性，更高的系统容量，进而降低网络成本，惠及最终用户；

上述这一切形成推动无线通信技术发展的最主要驱动力。4G 采用了众多先进的无线技术，可以提供下行超过 100Mbps 和上行超过 50Mbps 的用户峰值速率；由于采用了扁平化的网络架构并结合其他先进技术，使得无线接入网时延降低至 10ms；频谱利用率与 HSPARelease6 相比提高了 2 ～ 4 倍。4G 的主要成功是帮助人类实现了视频的快速发展和应用。

5G 技术拥有高速率（峰值传输速率达到 10Gbit/s）、低延时（端到端时延达到 ms 级）、节能、减少成本、更高的系统容量（连接设备密度增加 10 ～ 100 倍，流量密度提升 1000 倍）和为大量设备提供联接，且能在速度为 500km/h 左右为用户提供稳定的用户体验。

高速率。5G 拥有极高的传输速率，约为 10Gb/s，换算为 1.25GB/s，是 4G 网络的数百倍以上。假如下载一部 10GB 的高清电影，如果使用 5G 通信网络，仅需要约 10 秒左右的时间；如果使用 4G 通信网络，需要的时间约为 1000 秒左右（约为 5G 通信网络的百倍以上）。

低延时。5G 通信网络的延时约为毫秒级以下，而 4G 通信网络的延时约为 50 毫秒左右，提高约 50 倍。5G 通信网络延时的快速下降将为车联网、物联网、远程医疗、智能网点提供有力的技术支撑。

更高的系统容量即更高的网络吞吐量。5G 网络通信的吞吐量约为 100 万 /KM²，而 4G 网络通信的吞吐量仅为 1 万 /KM²。

更高的运行速度。5G 通信网络可以保证在速度为 500km/h 左右的情况下为用户提供稳定的用户体验；而 4G 通信网络仅可以保证 350km/h 左右的情况下为用户提供稳定的用户体验。采用 5G 技术的列车，将为更高速运行的列车提供更多的技术支撑。

表 7-1  4G-5G 网络重要指标对比

| 网络 | 流量密度 | 连接数密度 | 空口时延 | 移动性 | 用户体验速率 | 峰值速率 |
|------|----------|------------|----------|--------|--------------|----------|
| 4G | $0.1Mbps/m^2$ | 10 万 $/km^2$ | 10ms | 350km/h | 10Mbps | 1Gbps |
| 5G | $10Mbps/m^2$ | 100 万 $/km^2$ | 1ms | 500km/h | 100Mbps-1Gbps | 20Gbps |

### （二）5G 网络整体架构

边缘 DC：主要包括核心网数据面功能和 RAN 侧 CU 功能，可部署 MEC 平台及本地化业务

本地 DC：主要包括移动性管理、会话管理、用户数据和策略等，可按需部署省级节点。

区域 DC：以控制、管理和调度为核心，也包括全国性业务和用户数据存储等功能，可按需部署于全国节点。

综合接入点：主要包括无线侧基站 DU 功能，在 URLLC 业务服务器可根据需求部署部分 CU 功能，MEC 平台及本地化业务。

根据吕家坨煤矿的投资情况及业务需要，设计在井下开通 4&5G 融合通信网络。从设备层、边缘层、网络层、云平台四层出发建立产品体系规划，实现煤矿人、机、物、环等全生产要素的智能互联管理。

设备层：进行通信模组改造，设备智能化替换或边缘端计算改造，实现设备实时无线通信，部署云化 PLC，智能网关等实现协议统一、数据互通和共享交换，计算下沉到边端，以达到低时延、高效率的目的。

边缘层：采用边缘计算技术，将云计算下降到井下终端一侧，使系统具有更实时，更快速的数据处理能力，以达到降低核心网络传输压力，降低成本的目的。

网络层：建设矿区 4/5G 网络，NB-IoT 网络，IPRAN 工业环网，云化 PLC，智能网关等，实现矿区网络全覆盖。

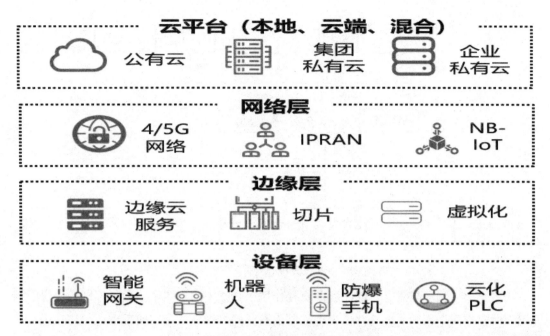

图 7-18　网络架构图

云平台：建设包含公有云、集团私有云、企业私有云的企业云平台，完成企业数据存储、模型训练、非及时性应用部署。

本方案设计井下移动网络覆盖到所有的行人巷道、峒室及工作面。

## （三）5G 核心网技术演进

网络架构演进除了业务需求之外，独立扩容、技术发展和独立演进也是驱动网络架构发生变化的三个重要发面：

（1）控制转发分离信令：处理需求增加（用户数，连接数），扩展控制面能力；流量增加，扩展转发面能力。

（2）网元形态变化：不受限于体积，重量和功耗，以网元为中心向以功能服务为中心架构演进。

（3）网元功能划分：原则上把经常变化的功能单元放在一起；大流量主要影响的是核心网的转发面；大连接影响移动性管理和连接管理；低时延，影响移动性管理，连接管理，转发面。

5G 核心网采用控制转发分离架构，同时实现移动性管理和会话管理的独立进行。

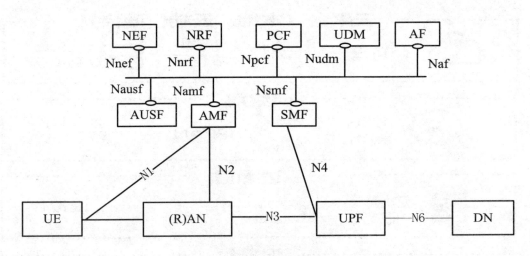

**图 7-19　5G 核心网服务化模式**

用户面上去除承载概念，QoS 参数直接作用于会话中的不同流。通过不同的用户面网元可同时建立多个不同的会话并由多个控制面网元同时管理，最终实现本地分流和远端流量的并行操作。

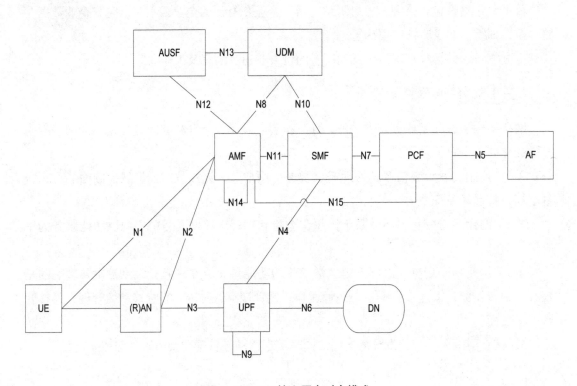

**图 7-20　5G 核心网点对点模式**

1.5G 核心网网元功能

UDM 功能：（类似于 EPC 中 HSS）

（1）支持 ARPF；

（2）支持存储签约信息；

（3）支持 5G 功能增强后的其他签约数据。

AUSF 功能：（类似于 EPC 中 HSS 的 AuC 功能）生成鉴权向量

PCF 功能：（类似于 EPC 中 PCRF）

（1）应用和业务数据流检测；

（2）QoS 控制、额度管理、基于流的计费；

（3）背景数据（Backgrounddata）传送策略协商；

（4）对通过 NEF 和 PFDF 从第三方 AS 配置进来的 PFD（PacketFilterDescriptor）进行管理；

（5）数据流分流管理（不同 DN）；

（6）具备 UDR（UserDataRepository）前端功能以提供用户签约信息；

（7）提供网络选择和移动性管理相关的策略（比如 RFSP 检索）；

（8）UE 策略的配置（网络侧须支持向 UE 提供策略信息，比如：网络发现和选择策略、SSC 模式选择策略、网路切片选择策略）。

AMF 功能：（对应 EPC 中 MME）

（1）NG1 接口终止、NG2 接口终止；

（2）移动性管理、SM 消息的路由；

（3）接入鉴权、安全锚点功能（SEA）；

（4）安全上下文管理功能（SCM）。

SMF 功能（P-GW-C）

（1）会话管理、UP 选择和控制；

（2）SMNAS 消息终止；

（3）下行数据通知。

UPF 功能（P-GW-U）

（1）Intra-RAT 移动的锚点；

（2）数据报文路由、转发、检测及 QoS 处理；

（3）流量统计和上报。

NEF 功能（SCEF）

（1）网络能力的收集、分析和重组；

（2）网络能力的开放。

NRF 功能（全新网元，类似于增强 DNS）

业务发现，从 NF 实例接收 NF 发现请求，并向 NF 实例提供发现的 NF 实例的信息（被发现）。

### 2.5G 核心网状态模型

（1）注册管理

5G 核心网定义以下两种注册管理状态，用于反映 UE 与 AMF 间的注册状态：

去注册：此状态下，UE 没有注册到核心网，AMF 中的 UE 上下文不包含有效的位置或路由信息，即 UE 对 AMF 是不可达的。

已注册：此状态下，UE 注册到核心网，可以接受网络提供的业务。

（2）连接管理

5G 核心网可以定义以下两种连接管理状态，用于在 UE 和 AMF 间通过 N1 接口实现信令连接的建立与释放。上述的信令连接用于实现 UE 和核心网之间的 NAS 信令交互，其中包含 UE 和 AN 间的 AN 信令连接以及 UE 所属的 AN 和 AMF 间的 N2 连接。

空闲态：UE 与 AMF 间不存在 N1 接口的 NAS 信令连接，不存在 UEN2 和 N3 连接。UE 可执行小区选择、小区重选和 PLMN 选择。空闲态 AMF 应能对非 MO-only 模式的 UE 发起寻呼，执行网络发起的业务请求过程。

连接态：UE 所属的 AN 和 AMF 间的 N2 连接建立后，网络进入连接态。

（3）移动性管理

5G 核心网通过切换限制列表向无线接入网提供移动性限制信息，移动性限制信息包括：RAT 限制、禁止区域和限制服务区域。

RAT 限制：定义了 UE 不允许接入的 3GPP 接入类型。在受限 RAT 中，UE 基于签约不允许发起任何与网络间的通信。

禁止区域：在指定接入类型的禁止区域，UE 基于签约不允许发起任何与网络间的通信。

限制服务区域

（1）许可区域：在指定接入类型的许可区域，UE 基于签约可以发起与网络间的通信。

（2）非许可区域：在指定接入类型的非许可区域。无论是处于空闲态或连接态的 UE，都不允许发起 UE 触发的业务请求（ServiceRequest）或会话管理信令来获得 UE 发起的用户业务。UE 可以执行周期性和移动性注册更新，如果 UE 没有注册，可以完成附着。非许可区域内的 UE 应通过业务请求（ServiceRequest）响应核心网的寻呼（Paging）消息。

服务区域限制可能包括一个或多个完整的跟踪区域。用户签约数据可以以跟踪区域标识来显式的标记许可区域或非许可区域。许可区域也可以限制在最大许可的跟踪区数量，也可以配置为无限许可区域。

UDM 负责保存业务区域限制信息，PCF 可以通过调整跟踪区域数量随时配置区域限制策略。AMF 将实时通知处于连接态的 UE 和 RAN 区域变更信息，对空闲态的 UE，AMF 可以通过寻呼（Paging）或暂存的方式，完成区域变更。当发生 AMF 变更时，老的 AMF 将 UE 的服务区域限制告知新 AMF。

（4）会话管理

①总体描述：

经由3GPP或者非3GPP接入网，UE可与同一或不同数据网络同时建立多个PDU会话。UE与同一个数据网络建立多个PDU会话，可以由不同的UPF（终结N6接口）提供服务。建立多个PDU会话的UE可以与多个SMF建立服务关系。

属于同一UE的不同PDU会话的用户面路径可以是完全不相交的，即归不同的SMF管理并经过不同的UPF

5G核心网支持UE和数据网络间的PDU（PacketDataUnit）连接业务。PDU连接业务通过PDU会话的形式来体现，PDU会话应UE请求而建立每个PDU会话支持单一的PDU会话类型，目前定义的PDU会话类型主要包括：IPv4，IPv6，以太网（Ethernet）和Unstructured（UE和数据网之间交互的类型对5G网络透明）

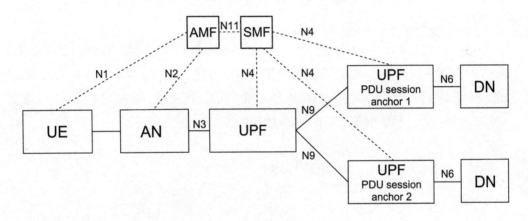

图7-21　7PDUSession架构图

PDU会话通过N1接口（UE和SMF间）的NASSM信令实现建立、修改和释放的操作。

SMF负责检查UE的请求是否与用户签约一致，因此，SMF需要从UDM获取SMF方面的签约数据，主要包括：准许的PDU会话类型、准许的SSC模式等。

建立PDU会话时，UE应提供PDU会话标识以及PDU会话类型、切片信息和数据网络名和SSC模式。

②支持多会话方案

a.5G多PDU会话功能

为了支持流量疏导和业务连续性，SMF需要控制PDU会话的数据路径，使PDU会话可以与一个或多个N6接口关联，每个中介N6接口的UPF应支持PDU会话锚点功能。支持PDU会话的每一个PDU会话锚点为同一数据网络提供不同的接入。

方案一：插入上行分类功能

针对IPv4、IPv6和以太网的PDU会话，SMF可以决定给会话的数据路径插入上行分类标记（UL、CL），按SMF提供的流量模板匹配业务留的UPF支持UL、CL功能。

UL、CL 提供到不同 PDU 锚点的业务流前转和下行数据流汇聚功能。

UL、CL 功能插入在网络侧 UPF 上，UE 无感知

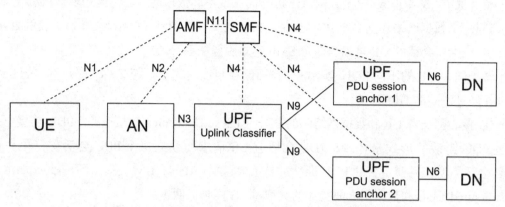

图 7-22　方案一：插入 ULCL 功能 \* MERGEFORMAT

方案二：Multi-home 功能

PDU 会话可以与多个 IPv6 前缀关联，即 multi-homed PDU 会话。PDU 会话将提供多个IPv6PDU 锚点来接入数据网络。不同用户平面路径的 IP 锚点引出特定的支持"Branching点"的 UPF 功能。"Branching 点"提供不同 IP 锚点的上行流量，汇聚到 UE 的下行流量.

UE 来决定不同应用数据包与不同 IPv6 地址的绑定关系。

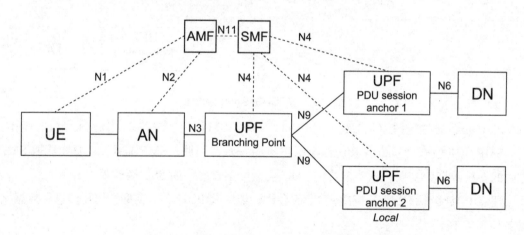

图 7-23　方案二：Multi-home 功能

③业务连续性（SSC）模式选择

SSC 模式 1：

Session 对应的 UPF 始终不变

SSC 模式 2：

UPF 服务一定的区域，当终端离开该区域后，使用新的 UPF 先释放掉原有 Session 在选择新的 UPF 进行 Session 重建。

SSC 模式 3：

允许为同一 DN 选择新的 UPF，可以同时有两个激活的连接，能够保持业务的连续；先建立新的 Session，然后将 Session 迁移到新 Session 的 UPF 上。

为满足不同应用和服务的多样化的连续性需求，5G 系统能够支持会话和业务连续性（sessionand service continuity，SSC）。5G 系统提供不同的会话连续性模式，与 PDU 会话锚点关联的 SSC 模式在 PDU 生命周期内不变。

SSC 模式选择策略用于决定与 UE 的（一组）应用相关联的会话和业务连续性模式的类型。运营商应向 UE 提供 SSC 模式选择策略，UE 可以使用这组选择策略来决定将 SSC 模式和（一组）应用进行关联，策略也可以包含缺省规则来适配 UE 的全部应用。

当 UE 的应用请求数据传输是，应用本身不会指定所需的 SSC 模式，UE 通过 SSC 模式选择策略来决定与应用关联的 SSC 模式。如果 UE 在建立 PDU 会话时没有提供 SSC 模式，网络将决定该会话的 SSC 模式。

提供给 UE 的 SSC 模式选择策略规则可由运营商更新，SMF 将从 UDM 获取 SSC 模式相关的签约信息：SSC 模式列表和每个数据网络的缺省 SSC 模式。

新建 PDU 会话时，SMF 选择接受 UE 请求的 SSC 模式或者根据签约或配置信息进行修正，若 UE 没有上报请求的 SSC 模式，SMF 选择缺省模式或根据签约或配置信息进行选择。SMF 应告知 UE 为 PDU 会话选定的 SSC 模式。

### 3.5G 核心网关键技术

#### （1）5G 策略控制

5G PCC 架构在引入 PFDF 网元进行业务识别规则和路由路径的统一管理，并向第三方开放识别规则信息的添加、更新和删除能力以及加密流量识别能力。

引入 NWDA 模块，专注于大数据分析，提供 PCF 和 NWDA 之间的接口进行数据的上报和策略建议的下发。

5G PCC 规则将区分 MM 和 SM 类型，并采用两个独立的接口分别与 AMF 和 SMF 进行交互。

PCF 关键能力

①PCF（Policy Control Function）必须支持与 AMF、SMF、NEF、AF、OCS 之间的接口。

②PCF 能够正确接受和处理来自 AMF、SMF、NEF、AF、OCS 的策略请求。

③PCF 能够提供应用和业务数据流检测规则、门控、QoS 和基于流的计费规则给 SMF。

④策略架构能够通过 NEF 和 PFDF 管理来自第三方 AS 的应用和业务数据流描述模板（PFD）。PFDF 能够下发应用和业务数据流描述模板（PFD），准确地识别业务并关联从 PCF 下发的其他相应的 PCC 规则。

⑤策略架构支持通过 NEF 与第三方 AS 协商 background data transfer 策略。

⑥PCF 须提供 UDR 前端设备以提供与策略生成相关的签约信息。

⑦通过 N6 接口实现向 DN 侧业务分流。

⑧ PCF 必须支持与 AMF 的接口。

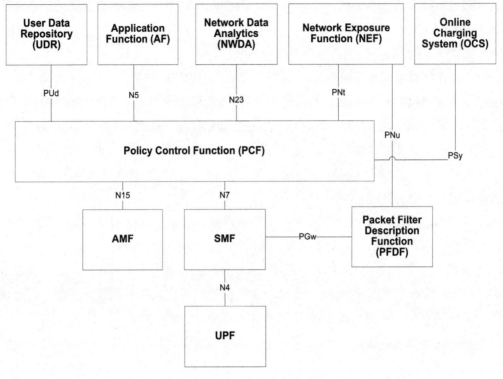

图 7-24　5G 策略控制

（2）5G 网络切片技术：

与 4G 时期相比，5G 网络服务具备更贴近需求、定制化能力进一步提升、网络与业务深度融合以及服务更友好等特征，其中代表性的网络服务能力包括：网络切片、移动边缘计算、按需重构的移动网络、以用户为中心的无线接入网和网络能力开放。网络切片是网络功能虚拟化（NFV）应用于 5G 阶段的关键特征。一个网络切片将构成一个端到端的逻辑网络，按切片需求方的需求灵活地提供一种或多种网络服务。如图 7-25 所示的网络切片架构主要包括切片管理和切片选择两项功能。

切片管理功能有机串联商务运营、虚拟化资源平台和网管系统，为不同切片需求方（如垂直行业用户、虚拟运营商和企业用户等）提供安全隔离、高度自控的专用逻辑网络。切片管理功能主要包含三个阶段：

①商务设计阶段：在这一阶段，切片需求方利用切片管理功能提供的模板和编辑工具，设定切片的相关参数，其中包括网络拓扑、功能组件、交互协议、性能指标和硬件要求等。

②实例编排阶段：切片管理功能将切片描述文件发送到 NFVMANO 功能实现切片的实例化，并通过与切片之间的接口下发网元功能配置，发起连通性测试，最终完成切片向运行态的迁移。

③运行管理阶段：在运行态下，切片所有者可通过切片管理功能对己方切片进行实时

监控和动态维护，主要包括资源的动态伸缩，切片功能的增加、删除和更新，以及告警故障处理等。

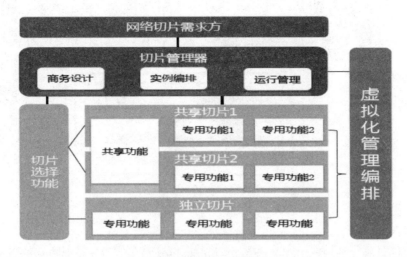

**图 7-25　网络切片技术**

切片选择功能实现用户终端与网络切片间的接入映射。切片选择功能综合业务签约和功能特性等多种因素，为用户终端提供合适的切片接入选择。用户终端可以分别接入不同切片，也可以同时接入多个切片。用户同时接入多切片的场景形成两种切片架构。

公共部分是可以共用的功能，一般包括签约信息、鉴权、策略等相关功能模块。

独立部分是每个切片按需定制的功能，一般包括会话管理、移动性管理等相关功能模块。

为了能够正确地选择网络切片，3GPP 协议中引入了 S-NSSAI（单一网络切片选择辅助信息）标识，S-NSSAI 包括：

切片业务类型（SST），指示所需切片的业务特性与业务行为。

切片租户标识（SD），在切片业务类型的基础上进一步区分接入切片的补充信息。

UE 可提供网络切片选择的信息，以网络侧的决定为准。

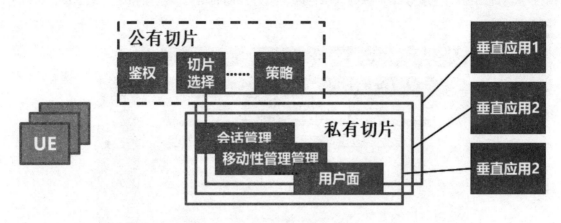

图 7-26　公有切片

（3）边缘计算技术

移动边缘计算（MEC，Mobile Edge Computing）改变了 4G 系统中网络与业务分离的状态，将业务平台下沉到网络边缘，为移动用户就近提供业务计算和数据缓存能力，实现网络从接入管道向信息化服务使能平台的关键跨越，是 5G 的代表性能力。如图 7-27 所示，MEC 核心功能主要包括：

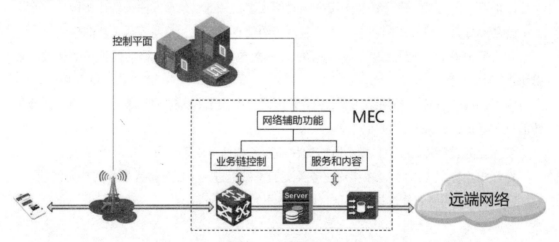

图 7-27　边缘计算技术

①应用和内容进管道。MEC 可与网关功能联合部署，构建灵活分布的服务体系。特别针对本地化、低时延和高带宽要求的业务，如移动办公、车联网、4K-8K 视频等，提供优化的服务运行环境。

②动态业务链功能。MEC 功能并不限于简单的就近缓存和业务服务器下沉，而且随着计算节点与转发节点的融合，在控制面功能的集中调度下，实现动态业务链（ServiceChain）技术，灵活控制业务数据流在应用间路由，提供创新的应用网内聚合模式。

③控制平面辅助功能。MEC 可以和移动性管理、会话管理等控制功能结合，进一步优化服务能力。例如，随用户移动过程实现应用服务器的迁移和业务链路径重选；获取网

络负荷、应用 SLA 和用户等级等参数对本地服务进行灵活的优化控制等。

移动边缘计算功能部署方式非常灵活，既可以选择集中部署，与用户面设备耦合，提供增强型网关功能，也可以分布式的部署在不同位置，通过集中调度实现服务能力。

（4）4G-5G 核心网互操作技术

为了支持 5GC 和 EPC 的互操作，以实现语音等时延敏感业务的无缝切换，需要支持 Nx 接口。为了简化信令交互，引入复合网元 PCF+PCRF、SMF+PGW-C、UPF+PGW-U、HSS+UDM 来实现更简便的无缝切换。复合网元用于在切换过程中对相关的 UE 信息、策略、MM 上下文、SM 上下文、QoS 等信息进行直接的映射，避免了更多的交互过程。

对于 UE 来说，有两种模式：一个是单注册模式；一个是双注册模式，单注册模式只能激活一个 RM 状态，要么是 5G 的 MM 要么是 4G 的 EMM，UE 在注册流程是会把自己的能力上报给核心网，核心网根据网络能力，策略等为 UE 指定一个模式。

UE 支持"单注册"模式。

为了 5G 核心网与 EPC 进行互操作，UE 必须支持"单注册"模式。

在单注册模式下，UE 在任意时间点上只有一个激活的移动性管理状态（5GC 的 RM 状态或 EPC 的 EMM 状态），在 5GCNAS 模式或 EPCNAS 模式下进行工作。类似的，网络侧在 AMF 或 MME 上维护该状态。UE 须维护对 5GC 和 EPC 的"单注册"行为。

为了支持"单注册"模式下的移动性管理，Nx 接口（AMF 和 MME）为必选接口以满足 5G 语音无缝切换的需求。

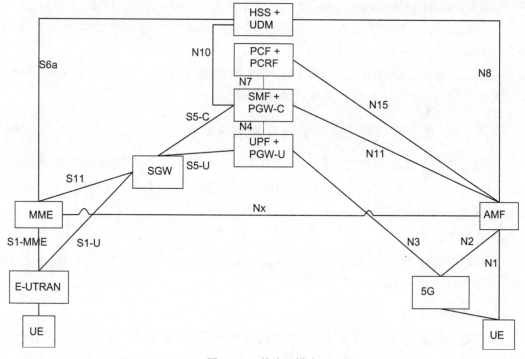

图 7-28　单注册模式

## 四、矿用 5G 及环网建设方案

### （一）矿用 5G 现状

矿用 5G 混合组网无线系统集合了第四代和第五代移动通信技术的优点，可以提供最高的无线接入数据速率，1GHz 的数据带宽，可实现上行数据峰值速率 500Mbps，下行数据峰值速率 500Mbps。高速的数据业务可满足井下移动互联网的各种业务需求。

5G 研究组织机构均对 5G 提出了毫秒级的端到端时延要求，在理想情况下端到端时延为 1ms，典型端到端时延为 5~10ms 左右。我们目前使用的 4G 网络，端到端理想时延是 10ms 左右，LTE 的端到端典型时延是 50-100ms，这意味着 5G 将端到端时延缩短为 4G 的十分之一。井下移动控制类设备延迟要求在 ms 级，可靠性需要达到 99.99%，5G 技术的特点满足井下自动化控制使用需求。

### （二）矿用 5G 移动通信网络系统整体构成

矿用 5G 移动通信网络由地面的核心网（CN）、IPRAN 环网、基带控制单元（BBU）、远端数据汇聚单元（RHUB）、微型射频拉远单元（pRRU）等系统构成。

核心网（CN）的功能主要是提供井下无线网络的注册和控制、业务的鉴权、语音和数据的交换等功能。

IPRAN 设备的主要作用是形成高速可靠的万兆工业环网，能够满足 5G 大带宽应用的需要。IPRAN 向上连接地面的核心交换网，向下连接井下的基带控制单元（BBU）。

基带控制单元（BBU）的主要作用是完成信号的基带处理，提供传输管理及接口，管理无线资源。

基站由基带控制单元（BBU）、远端数据汇聚单元（RHUB）、微型射频拉远单元（pRRU）组成，主要功能和作用是提供井下 5G 无线信号覆盖。

### （三）5G 企业移动通信网络专网与公网的关系

按照在吕家坨煤矿建设完整的企业移动通信专网的目标，在吕家坨煤矿部署核心网（CN）、IPRAN 环网、基带控制单元（BBU）、远端数据汇聚单元（RHUB）、微型射频拉远单元（pRRU）等设备。

#### 1. 无缝连接

吕家坨煤矿专网的核心网与属地的中国联通的公网的核心网实现信令的完整对接，进而实现专网与公网的无缝衔接。

#### 2. 无缝漫游

为吕家坨煤矿的 5G 专网用户提供语音通信和数据通信业务的无缝漫游。中国联通为需要在专网与公网之间进行漫游通信的用户开通"一卡双号"（公网联通手机号及吕家坨煤矿专网号码）业务，在井下专网内通信不收取任何费用，在地面公网内通信按照优惠政策进行计费。该方案改变了传统的独立烧卡模式，同时开创了新型井下移动通信的工作模式。

井下依靠专网提供的无线网络进行通信的的传感器、控制器、运输机车和车辆等也需要配备专网号码，但不漫游到地面时不会产生公网的通信费用。

通过"专网+公网"的无缝连接，既满足井下移动通信的需要，也满足地面工业广场移动通信的需要；既满足语音通信的需要，也满足数据通信的需要。

### 3. 语音通信

吕家坨煤矿建设了本地核心网后即具备了语音通信的本地交换功能，专网内部通信在本地实现自交换，与公网的语音通信业务则通过与公网的无缝连接，实现相互通信。

### 4. 数据通信

在专网内部部署多接入边缘计算服务器（MEC），实现井下数据通信业务在吕家坨煤矿的地面核心机房落地处理，而不需要传输到公网再返回本地。

## （四）矿用 5G 与矿井井下工业环网的关系

根据煤安规程、全国安全生产信息化规划等级评估等规定的要求，吕家坨煤矿应当在井下建设工业环网，主要包括安全环、控制环、视频环等，使各类业务独立传输通信，满足安全生产和自动化控制的需要。各类环网的带宽根据业务需要进行规划设计和建设。目前工业环网的最大带宽能够达到 1 万兆（10G）。

5G 移动通信技术由于其"大带宽、低时延、广连接"的特征，对每个移动终端提供的带宽最大可达 1G（1000M），因此，5G 移动通信需要低延时、高可靠、高带宽的承载环网。

井下工业环网，采用的是工业以太网交换机设备组成。以太网交换机属于二层交换及组网模式不能完全满足 5G 的低延时要求，且有效带宽只有 25% 不满足未来带宽需求。因此，井下工业环网不能承载 5G 移动通信业务，需要选用更加稳定可靠低延时的新型交换设备。IPRAN 设备为运营商级主流承载网络设备支持 10G 向 50G 的平滑升级（只需更换光模块）。IPRAN 设备组成的新型 IPRAN 环网承载 5G 移动通信业务同时还可以兼容接入其他传统以太网数据通信类业务的接入。

5G 的 IPRAN 环网既可以满足移动通信的需要，同时它可提供井下工业环网所需的通信协议的接口，因此，IPRAN 环网可作为井下工业环网的备用传输网，或将 IPRAN 环网同时作为工业环网来使用。

在建设移动环网的同时，结合工业环网的规划设计，采用 IPRAN 技术建设统一的井下环网，既满足工业环网的需要，同时也满足移动通信的需要。

### 1. 网络带宽使用计算

井下的传感器、控制器等数据设备的总量按照 10000 个点计算，每个点实时传输的信息量不会大于 1K，总带宽不大于 10000K（10M=0.01G）；高清摄像头的数量总量按照 300 个计算，每台摄像头实时传输图像的带宽不大于 8M，总带宽不大于 2400M（2.4G），合计不大于 2.41G。

井下移动通信网主要承载语音通信业务及数据通信业务。移动语音通信每用户高清语音通话实时占用带宽不大于72K，按照500用户计算，总带宽占用不大于360M（0.36G）。移动数据通信业务量不会大于工业环网的数据通信业务量（2.41G）。总业务量不会超过2.77G。

工业环网和移动环网的业务问题不会超过5.18G，约为10G环网总带宽的51.8%。

由于IPRAN环网能够提供10G（10000M）的带宽，并可平滑升级到50G及以上，带宽利用率可以达到总带宽的70%以上，能够满足工业环网和移动环网的需要，因此，本方案具有可行性，同时也符合《可行性研究》报告中提出的要求。

### 2.IPRAN环网设计

IPRAN环网需要根据工业环网的设计要求进行规划设计，满足各个应用系统就近接入的需要。

### 3.业务承载规划设计

根据工业环网的技术要求及《可行性研究报告》的规划的方案，井下环网主要承载的业务分为四大类，安全监测监控业务、自动化控制业务、视频监控业务、语音通信及广播通信业务等。

安全监测业务的业务量较大、采集上传周期不能超过1s，根据煤矿安全规程的要求，需要专网传输。自动化控制业务的业务量相对较小，但实时性要求极高（ms级）、传输要可靠，为此应当采用专网。视频类业务占用带宽极大，实时性要求较高，应当专网传输。语音、广播类业务也应当专网传输。

在工业环网与移动环网统一建设的条件下，应当通过网络控制和管理技术，采用VPN技术将环网的总带宽划分成各个专用网络、并且控制各个专用网络的带宽，使各类业务独立传输、互不干扰。

### 4.网络安全规划

网络安全与业务安全属于信息安全的范畴，涉及网络、数据中心、业务应用等各个方面，应当按照等级保护的要求进行统一规划建设，本方案暂不涉及。

该方案的优点是建设一套统一的传输网，既满足移动通信的需要，也满足矿井信息化、智能化建设的需要，同时系统结构简单、维护容易、投资降低。神东矿区在建设井下4G移动通信系统时，已经普遍使用IPRAN环网替代了工业环网，运行三年以上，性能稳定可靠。

## （五）环网设计

在建设移动通信系统环网的同时，结合工业环网的规划设计，采用IPRAN技术建设统一的井下环网，既满足工业环网的需要，也满足移动通信的需要。

在吕家坨煤矿地面核心机房放置两台IPRAN设备，井下放置台IPRAN设备。

根据工业环网的设计，共计井上下总计台IPRAN设备组成一个IPRAN工业环网，用于实现无线通信系统以及工业环网中设备的接入和承载。

建议IPRAN环网采用抗灾结构进行建设，光缆地埋敷设，光缆芯数不少于48芯，建议采用 96 芯光缆，满足未来信息化发展的需要。

IPRAN 设备上行端口可支持 10G 和 50G 光模块，本次设计的 10G 模块完成移动通信上行端口接入和下行设备基站控制器接入以及视频环业务的接入。控制环、安全环等承载业务可以根据实际需求，配置不同的模块，通过统一建设的 IPRAN 环网同时承载移动环网和工业环网，最终实现井下"一张网"。

### （六）5G 信号覆盖设计

（1）地面 5G 信号覆盖：

地面使用联通公网宏基站实现地面 5G 信号的覆盖，减少矿方对地面基站建设的投资，降低建设成本和后期维护成本。

（2）基站布置：

考虑到未来开通 4G 信号的基站可能升级为 5G 信号，而 5G 信号的频点会高于 4G、导致 5G 信号的覆盖半径会小于 4G，本方案所有基站的信号覆盖半径大巷、直巷按照半径 200 米布放，条件较差巷道按照半径 150 米布防，能够满足 4G 信号升级为 5G 信号的需要。

### （七）业务集成设计

矿用 5G 无线系统能够提供以下业务：基本业务和补充业务。

表 7-2　5G 业务及应用

| 类别 | 名称 | 功能简述 | 备注 |
|---|---|---|---|
| 基本业务 | 高清语音通话 | 井上 - 井下视频通话，井下—井下视频通话 | |
| | 短信 | 支持短息单发、群发 | |
| | 数据 | 峰值 4G 提供上行 >20M、下行 >50M 的数据业务，5G 提供上行 >100M、下行 >700M 的数据业务 | |
| | 低时延 | 提供控制面不超过时延 40ms | |
| 5G 应用 | 视频分析 | 实现井下众多高清视频分析计算 | |
| | 工业远程控制 | 实现井下远距离低延迟的无线工业控制 | |
| | 机器人巡检应用 | 提供网络使井下机器人巡检成为可能 | |
| | 车辆辅助驾驶 | 前期实现井下车辆负责驾驶最终实现无人自动驾驶 | |
| | 其他智能化应用 | | |

### （八）井下设备供电设计

井下设备包括矿用 IPRAN 万兆交换机、矿用基站控制器和矿用基站。

其中矿用万兆交换机和矿用基站控制器只要放置在变电所等空间足够的区域。供电方式：采用了独立的 UPS 供电方式，每套设备配置一台 UPS 电源就近接入。

矿用基站按照信号覆盖需求进行布放和安装。矿方统一规划 600V/127V 供电电路，基站就近接入矿方统一供电电路。

### （九）项目实施设计

（1）地面自建本地核心网，自建 5GMEC 边缘计算；

（2）井下建设 IPRAN 环网；

（3）井下建设 BBU 用于 5G 多模基站的接入；

基站在直巷覆盖长度按照半径不小于 200 米。

能保证辅运、胶运大巷，综采、掘进面、变电所、避难硐室覆盖。

本次昌家坨煤矿煤矿矿用 5G 基站台（具体数量实际工勘后进行微量调整）。

5G 无线分站模块在直巷覆盖长度按照半径不小于 200 米。能确保有人行走的巷道信号全覆盖，例如：辅运、胶运大巷，综采、掘进面、变电所、避难硐室覆盖等场所。

巷道场景一般可以分为短巷道场景和长巷道场景。巷道场景和其他场景有很多区别：附近基站的信号很难进入，经常出现弯道与坡度，无线信号衰减大。所以在处理巷道场景要采取灵活的方式，由以上这些特点，可以采取以下两种方式：

a. 在信号的覆盖强度方面，当长度超过覆盖距离时，采取多个 5G 基站级联的方式进行信号延伸和扩展；

b. 天线布放位置决定巷道内覆盖水平，为了保证良好的覆盖，天线布放位置应满足巷道内天线覆盖边缘场强应大于 -115dBm。在直道情况下，天线口功率 W>25dBm 时，若保证边缘场强大于 -115dBm，根据计算可覆盖巷道 1200m，此时即可布放对数周期天线；在弯道情况下，必须考虑弯道对边缘场强的衰减，建议此时把天线放置在弯道的切点处。

本次根据巷道的特点，采区防爆微基站加定向天线的模式进行巷道覆盖，按照半径 300m 的覆盖范围进行布放。

井下由于多为狭长型通道，因此基本采用室内分布天馈系统（耦合器，功分器，定向天线）方式。根据巷道走势、天馈系统的覆盖能力，井下规划若干台分站。以下通过图示来展示室内以分布天馈系统覆盖模式对主巷道、井下临时、永久避难硐室等区域进行无缝覆盖。

井下分站设计布点原则：

直巷主要采用定向天线覆盖，根据巷道宽度密度在半径 200 米以上；

巷道交错区域，在交叉路口设立一个分站、并采用多个天线进行分别覆盖。

具体部署方式与种类如下：

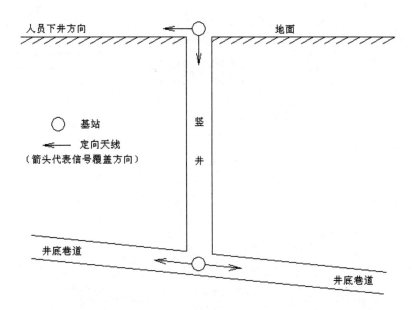

图 7-29 竖井信号覆盖示意图

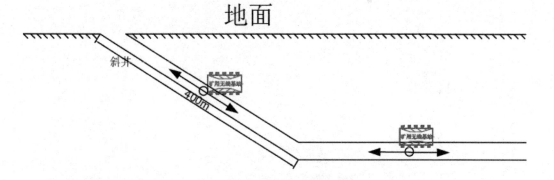

图 7-30 斜井信号覆盖示意图

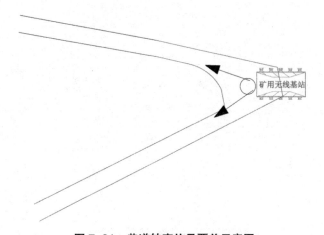

图 7-31 巷道转弯信号覆盖示意图

图 7-32　平直巷信号覆盖示意图

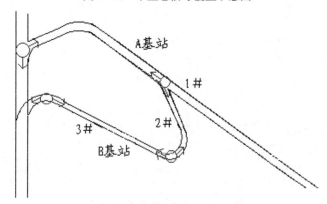

图 7-33　弯曲巷道信号覆盖示意图

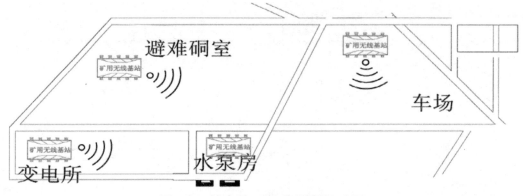

图 7-34　变电所、硐室信号覆盖示意图

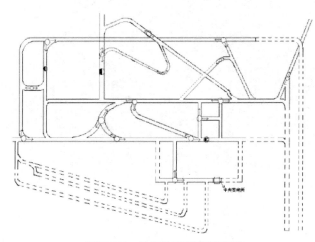

图 7-35　井底信号覆盖示意图

## （十）环网日常管理说明

无论是建设互为备用的两种类型（移动环网、工业环网）的环网还是建设统一的环网（移动环网），项目建设完成、投入使用后，需要有专业的部门进行管理和维护，更需要充分发挥其价值、承载更多的应用。需要吕家坨煤矿成立信息化职能部门。部门的职责一是统一规划、管理矿井的信息化建设和应用工作；二是负责信息化基础设施（包括机房、网络等）的管理和维护工作。

要改变目前各煤矿普遍存在的信息化系统部门私有制的做法，避免既买车又修路的建设方式（即建设信息化应用系统时同时建设网络和机房）。

要改变信息化建设项目的立项审批流程。信息化项目的立项由业务部门提出、报信息化管理部门审批、信息化管理部门在总体规划的基础上确定实施方案。

今后所有的信息化项目都要建立在矿井的数据中心和井下环网的基础之上，这样才能够有效地避免重复建设、浪费投资的现象的发生。

# 五、矿用 5G 重点应用

## （一）可作为井下移动办公承载平台

随着无线通信技术的发展以及信息化办公需求的日益增加，井下移动办公将会在未来成为刚需，本次新建无线通信系统可作为第三方开发的井下移动办公系统的承载平台，且我公司也可根据矿方的客户实际需求定制开发移动办公软件，以满足煤矿的信息化办公的需求，进而提高办公效率。可以为矿方开发的相关 APP 软件提供应用平台。

**图 7-36　APP 软件应用平台**

## （二）与视频系统融合

与图像监控系统融合，可以在指控中心大屏幕上实时关联查看，大大提高直观度和沟通效率，并可以结合地理位置信息进行其他状态收集或进行下一步操作。

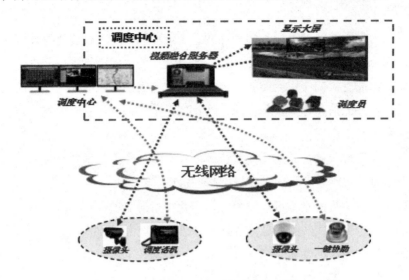

图 7-37　视频系统融合示意图

## （三）井下 AGV（（AutomatedGuidedVehicle 导向自动形式的车）应用场景

采用 5G 移动通信的井下机车无人驾驶系统能够匹配超万兆网络的地面集中式远程云计算平台，或者基于边缘计算架构的大容量分布式计算平台，这类高能计算平台的加入使系统的运算能力得到极大提升，响应也更为快捷，这将大幅度地优化机车无人驾驶系统的性能和可靠性：①采用远程遥控驾驶模式时，监控中心的操作人员获得井下画面、发出控制命令的实时性大幅提高，远程遥控更为敏捷；②采用自主运行模式时，以极低延时将井下机车路况视频信息流及其他传感数据流实时上传地面调度中心，运用高能计算平台进行大数据支持下的高强度智能计算，实现机器视觉和决策控制，提升机车无人驾驶的可靠性与适应性；③为井下移动 MEC 系统架构提供移动端的无线通信服务，将计算存储能力与业务服务能力向网络环境与协同调度机制。

### 1. 特殊环境工作

井下巷道工作情况复杂，某些工作情景下工人进行操作较困难并存在较高的危险性，例如，在顶板上进行操作、在侧壁上进行钻孔等。这些工作可以采用通过 AGV 引导的机器人来进行，在 AGV 调度系统下发工作任务，通过 AGV 调度中心调度设备进行工作。

### 2. 设备搬运

当采区工作面完成采煤工作后，需要将设备搬离当前工作面，运往下一个采区工作面，通过设备运送车进行设备搬运，通过 AGV 调度系统下发设备搬运任务，通过 AGV 调度中心下发任务到设备运载机器进行设备运载。

### 3. 物资搬运

采区工作面和掘进面附近有许多需要运载的物资，掘进产生的碎石，对壁板和顶板进行固定的钢筋、角钢等，当需要往工作面和掘进面运送物资和需要往外运送碎石垃圾等时，通过往 AGV 调度系统下发运送任务，通过 AGV 调度中心下发任务到物资运载车进行设备运载。

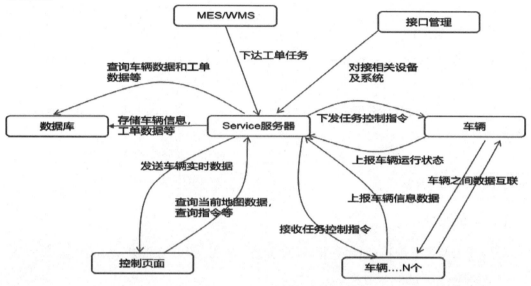

图 7-38　物资搬运系统指令图

### 4. 应急车辆

当井下发生紧急情况时，比如重要设备故障，井下事故等需要及时地处理运送等任务时，通过 AGV 调度系统下发应急任务，出动应急车辆对备用设备和物资进行运送。

图 7-39　应急车辆

完成 AGV 调度系统。调度系统通过与 MES 或者 WMS 系统对接，接收、发送、存储 AGV 车辆的工作指令，实时优化运作路径，引导 AGV 车辆完成搬运任务；车辆间数据互联，有效地避免车辆拥堵、碰撞事件的发生。

以 AGV 调度系统为基础，通过对现有智能设备的自动化改造、系统对接，推进智能化换人、自动化减人。加快煤矿机器人研发应用，努力把员工从危险环境和繁重劳动中解放出来。

# 六、关键技术及创新点

## （一）关键技术

（1）引入基于 5G 技术的新型高密集小区体系结构以及新型多天线传输技术，改善无线信号覆盖性能。

（2）应用移动边缘计算技术将业务平台下沉到网络边缘，为移动用户就近提供业务计算和数据缓存能力。

（3）采用网络切片技术构成一个端到端的逻辑网络，按煤矿现场实际需求灵活地提供一种或多种网络服务。

## （二）创新点

（1）平台与煤矿井下工业环网相融合，具备抗灾害能力的工业 IPRAN 通信主干网络，可同时承载移动环网和工业环网。

（2）首次采用 4G+5G 系统的分布式基站设计，实现移动端 4/5G 网络的无缝切换，可根据现场需要提供相应带宽，以降低建设成本。

（3）创新研发井下 AGV 调度指挥系统，实现特殊环境下引导机器人完成设备巡检、搬运以及应急抢险等工作。

# 七、预期实施效果

## （一）提高煤矿安全生产效率

通过采用先进的 5G 无线通信技术与选煤厂生产相结合，实现语音、视频、数据传输以及管控平台的综合应用，对监控、指导选煤作业与安全生产、在线检测与远程控制管理具有重要作用，大大减少直接作业人员 50% 以上，矿井的生产效率可以提高 30% 以上，实现无人值守，生产效率成倍、成几倍的提高，安全效率也可以提高 80%～90% 以上；同时，由于质量的提高，安全效率的提高将大大降低成本。

## （二）为安全生产奠定基础

以 5G 技术为基础，煤炭信息化物联网的系统架构为模型，可以获取选煤生产状况的各种指标状态以及特征数据，实时监测生产状态，形成矿井生产状态的各种数据曲线；实时监测地面生产流程和设备状态。系统的融合必然会带来生产和管理模式上的创新和改变，其接受程度和带来的效果都需要在实践中检验。

### （三）提高综合管理水平，为节能减排做贡献

无论是进行虚拟作业还是远程指导，都提高了生产水平与能力，节省资金的同时，也减少了因相关操作所带来的能耗。充分地应用现代科技所带来的方便，实现选煤生产的集约化经营，生产决策更为科学化、合理化，项目方案更具有可行性、科学性。

### （四）提高生产能力，提升经营管理水平

用 5G 移动通信技术、物联网技术、移动互联网技术等当前业界主流的新技术，以"迅速、准确、可靠、方便"为目标，实现管理人员随时随地、实时有效地掌握选煤生产的各种信息，将煤矿的安全生产提升到一个新的高度，为煤矿的发展创造有利条件，提高安全生产能力，提升煤矿经营管理水平。最终实现煤矿"安全、高效、数字化"的智能化矿井建设目标。

## 八、预期效益分析

为了实现智能化矿山做基础建设。通过基础网络建设、综合管控平台的建设以及两个应用场景的试运行，基本实现通信层、架构层以及部分应用层的建设。通过下述四个方面展现基础设备给企业带来的效益如下：

### （一）安全角度

硬件安全：所有系统满足一主一备的设计。保证了系统的容灾性，在紧急状态下保障系统正常运行。

网络安全：煤矿 4/5G 网络和 IPRAN 环网全部属于内部网络，防止外部网络对于内部网络的侵入和攻击，减少了运行成本和维护成本。

信息安全：煤矿信息系统有权限分级功能，实现多级别信息差别。保障信息安全性，防止内部资料泄露，造成安全隐患。减少了泄漏事故的发生和事故所带来的损失。

### （二）效率特性

4/5G 替换 3G 网络，大幅度地提高了数据传输的效率，速率达到 1Gbps，达到百万级别大连接数稳定性，为智能化矿山场景的实现提供了基础的网络。

建设的综合管控平台将各类子系统进行融合，让数据充分的联动，利用起来，实现智能化矿山的重要一步。

视频分析和智能推送系统提供了实时视频分析、联动报警等功能，监控过程减少了人员干预。

## （三）减员增效

综合一线员工生产管理实际岗位、大屏监控显示和声光报警来进行相应的报警即可实现综合管控，全矿井减少监控和运维人员约 40 人左右，实现了平台智能化管理。

## （四）成本控制

智能化矿山提供软硬件一体化的基础设施，一次成型化部署从长远的角度讲可节约成本约 30%。有效降低企业的人工成本、运营成本和维护成本。

# 九、存在问题和改进意见

## （一）存在问题

### 1. 技术与系统融合问题

随着芯片技术的更新换代和智能终端的快速发展，无线移动通信业务和技术不断拓展和相互融合。未来的 5G 网络将是一个集成多业务、多技术的融合网络，是一个多层次覆盖的通信系统。要将多种接入技术、多种业务网络以及多层次覆盖的系统进行综合集成、有机融合、高效利用等，就目前的技术而言，还有许多需要解决的问题。

### 2. 频谱效率和容量问题

要实现 5G 网络数据流量大、用户规模大、数据速率高、永远在线的需求目标，必须研发扩展频率、提高容量和空间效率、提升系统覆盖层次和站点密度等各种通信技术。例如，超密集网络技术、多天线技术和多址技术、多输入多输出（MIMO）空间传输技术等新型通信技术，将成为未来 5G 技术的重要研究方向。新型传输技术的启用和组网方式的创新，将增加设备的复杂度和研发成本，对网络建设和运营维护带来重大挑战。

### 3. 终端设备问题

5G 是一个多技术的集成网络，融合了目前 2G，3G，4G 的技术，并将启用和开发多种新兴技术。5G 终端设备将支持 5 ～ 10 个甚至更多不同的无线通信技术，并且要支持 1Gb/s 以上空间速率，待机时间达到现有的 4 ～ 5 倍。因此，要实现低成本多模终端的研发，对终端设备的芯片和工艺、射频技术以及器件、电池寿命等技术研发带来挑战。

### 4. 网络能耗与成本降低问题

5G 目标是提供 1000 倍数据流量，并且运营成和用户成本不能增加，这就意味网络总体能耗和体成本基本不能提升。因此，5G 网络的端到端比能耗效率就要提升 1000 倍，并且降低单位比特开销 1000 倍，这对网络架构、空间传输、内容分发、交换路由、网络管理和优化等技术带来新的挑战。

### 5. 产业生态问题

传统的 3G，4G 通信系统是以网络运营商和技术为主体，未来 5G 网络是以用户体验和业务应用为主体，当前的网络架构、管控理念并不适用未来 5G 的产业生态结构和潜在的新兴运营模式。因此，需要发展诸如软件定义网络（SDN）新技术以满足未来业务应用需求，解决产业生态结构问题。

## （二）意见及趋势

移动互联网的快速发展是推动 5G 移动通信技术发展的主要动力，移动互联网技术是各种新兴业务的基础平台，目前现有的固定互联网络的各种服务业务将通过无线网络的方式提供给用户。5G 移动通信技术的发展目标主要定位在要密切衔接其他各种无线移动通信技术上，为快速发展的网络通信技术提供全方位和基础性的业务服务。

为了提升 5G 移动通信技术的业务支撑能力，其在网络技术方面和无线传输技术方面势必会有新的突破。在网络技术方面，将采用更智能、更灵活的组网结构和网络架构，比如，采用控制与转发相互分离的软件来定义网络架构、异构超密集的部署等。在无线传输技术方面，将会着重于提升频谱资源利用效率和挖掘频谱资源使用潜能，比如，多天线技术、编码调制技术、多址接入技术，等等。与此同时，根据通信技术演进，针对"5G"技术与数字化矿山业务的结合进行深入研究，深入发掘矿山信息化业务需求，开发各类创新应用，推动数字化矿山建设。

# 参考文献

[1] 樊运策. 综放工作面冒落顶煤放出控制 [J]. 煤炭学报，2001，26（6）.

[2] 范京道，王国法，张金虎，等. 黄陵智能化无人工作面开采系统集成设计与实践 [J]. 煤炭工程，2016，48（1）.

[3] 范京道. 煤矿智能化开采技术创新与发展 [J]. 煤炭科学技术，2017，45（9）.

[4] 冯径，马玮骏. 信息系统集成方法与技术 [M]. 北京：气象出版社，2012.

[5] 葛世荣，王忠宾，王世博. 互联网＋采煤机智能化关键技术研究 [J]. 煤炭科学技术，2016，44（7）.

[6] 黄炳香，刘长友，牛宏伟，等. 大采高综放开采顶煤放出的煤矸流场特征研究 [J]. 采矿与安全工程学报，2008，25（4）.

[7] 黄曾华. 可视远程干预无人化开采技术研究 [J]. 煤炭科学技术，2016，44（10）.

[8] 雷毅. 我国井工煤矿智能化开发技术现状及发展 [J]. 煤矿开采，2017，22（2）.

[9] 李明忠. 中厚煤层智能化工作面无人高效开采关键技术研究与应用 [J]. 煤矿开采，2016，21（3）.

[10] 庞义辉，王国法，任怀伟. 智慧煤矿主体架构设计与系统平台建设关键技术 [J]. 煤炭科学技术，2019，47（3）.

[11] 田成金. 煤炭智能化开采模式和关键技术研究 [J]. 工矿自动化，2016，42（11）.

[12] 田华，郭涛. 试谈计算机网络在煤矿企业中的应用 [J]. 科技信息，2010（25）.

[13] 王国法，范京道，徐亚军，等. 煤炭智能化开采关键技术创新进展与展望 [J]. 工矿自动化，2018，44（2）.

[14] 王家臣，张锦旺. 综放开采顶煤放出规律的BBR研究 [J]. 煤炭学报，2015，40（3）.

[15] 王昕，赵端，丁恩杰. 基于太赫兹光谱技术的煤岩识别方法 [J]. 煤矿开采，2018，23（1）.

[16] 吴婕萍，李国辉. 煤岩界面自动识别技术发展现状及其趋势 [J]. 工矿自动化，2015，41（12）.

[17] 奚强. 基于光纤通信的煤矿井下通信工程设计 [J]. 区域治理，2018，000（034）.

[18] 夏士雄，于励民，郑丰隆. 煤矿通信与信息化 [M]. 北京：中国矿业大学出版社，2008.

[19] 徐春阳 . 光纤通信技术在电力通信网建设中的应用 [J]. 中国高新区，2018（04）.

[20] 徐亚军，王国法 . 基于滚筒采煤机薄煤层自动化开采技术 [J]. 煤炭科学技术，2013，41（11）.

[21] 杨文萃，邱锦波，张阳，等 . 煤岩界面识别的声学建模 [J]. 煤炭科学技术，2015，43（3）.

[22] 张德生，牛艳奇，孟峰 . 综采工作面超前支护技术现状及发展 [J]. 矿山机械，2014，42（8）.

[23] 张立宽 . 改革开放40年我国煤炭工业实现三大科技革命 [J]. 中国能源，2018，40（12）.

[24] 赵开功，李彦平 . 我国煤炭资源安全现状分析及发展研究 [J]. 煤炭工程，2018，50（10）.

[25] 朱军 . 红柳林煤矿回风巷超前支架研制 [J]. 煤矿开采，2012，17（2）.